JN133148

何のための脳？

AI時代の行動選択と神経科学

平野丈夫

KYOTO UNIVERSITY PRESS

京都大学学術出版会

はじめに

私は、高校生の時にデカルトの「我思う、ゆえに我あり」という一文を知り、外界を認識する主体として自己を強く意識したことを覚えている。自らの意識や心とは何かを考えたが、それらを生み出しているのは脳に違いない。ヒトの脳は優れた情報処理能力をもち、今や状況によっては自身の脳を超える能力をもつ人工知能を生み出すに至っている。脳がなければ人類がここまで繁栄することはなかっただろう。しかし、そもそも脳は何のためにあるのだろうか、また脳はいかにして進化してきたのだろうか？　こうした問いを考察することが、本書の出発点である。

動物の系統発生を考慮すると、脳・神経系のはたらきは動物が最適な行動をとるための情報伝達・処理・統合にあると考えられる。それでは、最適な行動とはどのようなものであろうか？　それは個体の生存状況改善と子孫の繁栄に最も寄与する行動だと思う。なぜなら、現存動物種は進化過程における自然選択に耐えて生き残ってきたからである。しかし、ある生物個体が良好な状態であることと、その子孫・集団または種が繁栄することは必ずしも両立しない。また、どのくらいの時間単位での利得と損失を考慮するかによっても、最適な行動は異なる。個体、グループまたは種にとって何が最適かは、実は正解のない難問である。ヒトを含む動物は各々の脳を使い、様々な戦略と行動の選択を行うことによって、個体の生存と血族または種の繁栄を図ってきた。

本書では、脳がはたらくしくみとその特徴を説明し、脳の神経回路をモデルとして発達してきた人工知能（AI, Artificial Intelligence）の可能性とその活用において懸念される問題点について議論しようと思う。脳の発達はヒトに高いコミュニケーション能力をもたらし、様々な単位のヒトの集団と社会を誕生させた。社会における規範やルールについても生物科学的観点から考察したい。そして、ＡＩが発達するとともに、様々な問題を世界規模で調整することが必須となってきている現代社会において、私たちはどのように行動を選択すべきかについても考えてみたい。特に二〇一九年二月現在、筆者が所属し部局長を務めている大学という組織のあり方を一例として取り上げ、ヒトの組織化された集団における活動の選択をどのようにすべきか、という観点で検討しようと思う。そして、複雑化する社会における個人の役割と集団における合意形成へ向けて、脳のより良い活用を促したい。本書により、読者が新たな疑問をもち、今までと多少なりと異なる視点で考えることに寄与できたとすれば、望外の幸せである。

本書は4章構成とした。第1章は導入であり、第2章は脳・神経科学の概説、第3章はＡＩ関連、第4章では人の集団・組織・社会を取り上げた。第2章は簡潔にわかりやすく記載したつもりだが、それでも専門用語が多く理解しにくい（特に最初の方）と感じる方がいらっしゃるかもしれない。そうした箇所は斜め読みしていただいても概要は理解いただけると思う。そして後に第2章前部で説明した用語や事項が出てきた時に、必要に応じて関連個所を読み直していただくのが良いと思う。巻末の索引を利用していただきたい。また、いくつかコラムを掲載したが、その内容は私自身の研究と関連がある多少専門的な事柄の説明である。読み飛ばしていただいても大筋の理解に支障はない。

何のための脳？◉目　次

はじめに　i

第1章……………生命体の目的と脳　1

1　生命体の目的　3

2　利己的行動と利他的行動　4

3　ヒトの行動を突き動かすもの　6

第2章……………行動選択の神経科学　9

1　脳・神経系の役割　11

情報伝達の担い手　14

脳・神経系での情報伝達にかかわる物質　23

脳の機能局在　25

2　知覚と意識の神経基盤　30

知覚・認知・意識　33

動物の情報処理特性　35

直列処理と並列処理　42

気づきと発見　45
3　学習と記憶――行動選択を改善するしくみ　46
シナプス可塑性と三つの学習機構　46
脳内報酬系と強化学習　49
教師役のニューロンが存在する学習　51
生まれと育ち、経験による脳のプログラムの書き換え　59
4　最適な行動とは？　62
何が脳内報酬をもたらすか？　62
恐怖・痛みと非常時の感覚遮断　66
楽観と悲観　67
サイコパス　68
不確実性の選択　69
第3章……………脳と心と人工知能（ＡＩ）　73
1　人の脳が生んだ高性能情報処理装置　75
ＡＩのしくみ　75

特化型AIと汎用AI　81
2　AIと心　84
心とは何か？　84
自分と他者　86
AIは心を持つか？　88
3　AI活用の必然性と懸念　90
第4章……………個体と社会の成功・繁栄戦略　93
1　社会とルール　95
個体と集団の利益　95
善悪を超えて　97
2　社会における利害判断のむずかしさ　101
各階層で出現する法則　102
利害判断をする集団のレベルと利害判断で想定する期間　104
組織運営　106
大学について　108

大学における研究　109
大学における教育　110
大学の社会連携　112
大学業務の優先順位　113
3　人類の持続的生存に向けて　115
成長戦略の限界　115
AIとヒトの仕事　117
理性的判断が問われる時代　119
マスコミとSNS　121
ポピュリズムの台頭　123
トップダウンとボトムアップ　125
教育の役割　127
多様性とはぐれ者の価値　129
脳を生かす——現代社会における脳の活用　130
コラム01　神経細胞の実験標本　22
コラム02　大脳と小脳　29

コラム03　運動学習の実験モデル　55
コラム04　ディープラーニング（深層学習）と浅層学習　80

おわりに　133
参考文献　139
索引　143

第1章

生命体の目的と脳

1 生命体の目的

脳は動物が外界からの刺激を感覚器によって受容した情報に基づき、最適な行動選択をするための器官と考えられる。そして、最適な行動は生命体である動物を利するものであるはずだ。それでは、生命体とは何であろうか？　生命体の主要な特徴として個体の再生産がある。生物が種として**自然選択**による**淘汰**を免れて存続するためには、個体数の増殖・維持が不可欠である。動物を利する行動には、個体自身の生存確保に寄与するものだけではなく、種としての繁栄に貢献する行動も含まれる。

ところで、動物種としての繁栄・存続の方法、すなわち**個体数維持戦略**は種によって大きく異なる。その一つは、魚類のように多数の子孫を残す戦略である。マンボウが一回に産卵する卵数は三億個近くになり、ブリでは約一五〇〇万個と言われている。それでもこれらの種の個体数が増加し続けていないのは、幼弱期の生存確率が低いからである。幼弱期の生存率が一%以下でも十分な個体数を維持できる種は多数ある。一方、ヒトのように子の数が少ない種もある。こうした種では時間をかけて子を大事に育てることにより、子の生存確率が高くなっており、また各個体の生存のための能力も高い。集団としての存続という観点での各個体の生死の重みは種によって異なる。

動物は様々な戦略で種としての存続を確保しており、行動の選択も戦略の一つになる。各個体の**行動選択**において、〝個体〟と〝自らの子孫〟および〝所属する集団〟のいずれを重視するかは、種や個体と状況によって異なっている。自身の生存等を優先する場合、自身の子を優先する場合、各動物種の集団の繁栄を第一にした行動をする場合がある。たとえば動物は自身を捕食する外敵から逃走する行動、または戦う行動をする。これは各個体が生存していくための短期的な行動選択である。また、動物は自らの生存に必要な食料を確保するための移動や狩りも行う。ヒトの場合、自分さえ良ければ良いと考える者はいるとは思うが、子孫を残す可能性や自身が属する集団または子孫を含む他個体への貢献がない状況で、自らの生存を優先する動物の長期的な行動の選択は、実はそれほど多くないのかもしれない。次節では、動物の多様な行動の一部を紹介したい。

2 利己的行動と利他的行動

まず、動物個体自身の子孫を残すことを重視した行動を紹介したい。その例として、**子殺し行動**がある。インドに生息するサルの一種であるハヌマンラングールは、一頭の雄が多数の雌とハーレムを形成する。ハーレム外の雄がハーレムの主との戦いに勝つことにより、ハーレムの乗っ取りが起こる。その際に、新しい雄は群れの幼サルをすべて殺してしまう。このような子殺しは、ライオン等でも見られる。個体自身の子孫あるいは遺伝子を存続させることを重視した行動と見なせよう。

また、マウスでは妊娠した雌マウスが胎児の親ではない新規の雄と同居することになった際に流産してしまう**ブルース効果**という現象が知られている。雄マウスは積極的な行動によって雌マウスの流産を引き起こしているのではないが、雄マウスからの分泌物が雌マウスの妊娠の継続を阻害し、自身の**遺伝子**を持つ子マウスを早く誕生させるしくみと考えられている。このような自己の遺伝子を優先的に残す行動と仕組みが**進化**の過程で作られてきたと考えられる。

動物の生殖や子育てのための親の**自己犠牲的行動**例も知られている。サケは産卵のために川を上流まで遡り、産卵後力尽きて死ぬ。こうした例では、産卵または子育てのために死を覚悟して行動を選択しているように見える。自らの命よりも子孫を残すことを重視した行動と見なせよう。

アリまたはハチでは、女王が産卵して一団の個体を産生するが、他の雌である**働きアリ**またはハチは子孫を残さない。働きアリまたはハチはすべて雌であるが、所属グループの繁栄のために奉仕しているように見える。集団への貢献が最優先の行動規範となっているように思われる。ただし、**女王アリ**と働きアリは姉妹であることには留意する必要がある。働きアリも自身の遺伝子を残すために、女王との分業をしているとみなすことができるのだ。

以上は、各個体自身または自身と共通性のある遺伝子の存続が動物の行動選択の重要事項となっているとみなせる例である。こうした自己の遺伝子の保存を最重視する考え方は、R・ドーキンスの著書である**『利己的な遺伝子』**（文献6）で詳しく説明されている。この本では、生物個体はDNAの乗り物に過ぎないという見解が紹介されている。遺伝子であるDNAが、その複製による存続が有利となるように、生物個体という乗り物の特性を進化させてきたと考える。一見他者を利するように見える自己犠牲を伴う行動も、自然選択において各個体または種の遺伝子の存続に有利となるように発達してきたと考えるのである。

3 ヒトの行動を突き動かすもの

『利己的な遺伝子』では遺伝子の利己性が強調されたが、動物では個体自身の遺伝子の存続に有利とならないような利他的行動はないのだろうか？　ザトウクジラはシャチに襲われている他種クジラの子を守ることがあるとされている。また、チンパンジーは血縁のない子の世話をすることがある。

こうした行動は、自身の遺伝子存続に役立っているようには思えない。

私たちヒトでは、自らの生命保全、子孫や血族の利得を図る行動に加えて、より大きな集団への奉仕や弱者をいたわる利他的な行動がある。必ずしも、自己の遺伝子の存続が最重要事項となっていないように思う。ヒトは言語による高度なコミュニケーション能力を獲得し、集団での協調した活動により、他の動物種との**生存競争**において圧倒的な優位性を得てきた。その進化・繁栄過程で、集団のあり方を高度化して複雑な社会を形成し、独自のルールと文化を育ててきた。こうした社会やそこでのルールも、動物の一種であるヒトの脳により作り出されたものである。集団や社会での振る舞いを含めて、様々な状況での行動選択は脳の特性により定まる。次章で、脳・神経系がはたらくしくみを説明するが、興味深い意外な脳の情報処理特性例を紹介できると思う。

第2章

行動選択の神経科学

1 脳・神経系の役割

ここからは、まず動物の行動を制御する脳・神経系のはたらきの基礎を説明しようと思う。神経系の元来のはたらきは、外界からの刺激に対する動物の応答を仲立ちすることである。簡単な例として、**膝蓋腱反射**のような**伸張反射**が挙げられる。膝蓋腱反射は、膝の腱を軽くたたくことによって、足を伸ばすはたらきをする伸筋を引き伸ばした時に、その筋肉が収縮することにより足が前へ跳ね上がる反射である。伸張反射では、筋肉が伸ばされた時に、筋組織内にある筋紡錘という筋長を測る感覚細胞が筋の伸張を感知し、感覚神経を介してその情報を脊髄内の**運動神経細胞**へ伝える。運動神経細胞はその信号に応答して、筋肉に収縮指令信号を送り、筋肉の長さの急激な変化を抑えて筋細胞の損傷を防ぐ（図1）。このように刺激に対する応答を仲介することが、神経系のはたらきの基本型である。

動物は光・音・化学物質等多種多様な感覚入力を受けており、それらが行動を引き起こす引き金になることが多い。また、動物は体内部からも空腹感・痛み等の情報を受けとる。さらに、神経系内に蓄積される**記憶情報**もある。そして、そうした多種多様な情報を統合して、その時々で適切と思われる行動を選択する（図2）。たとえば、旅先で外食する時のことを想像して欲しい。いつ食事をする

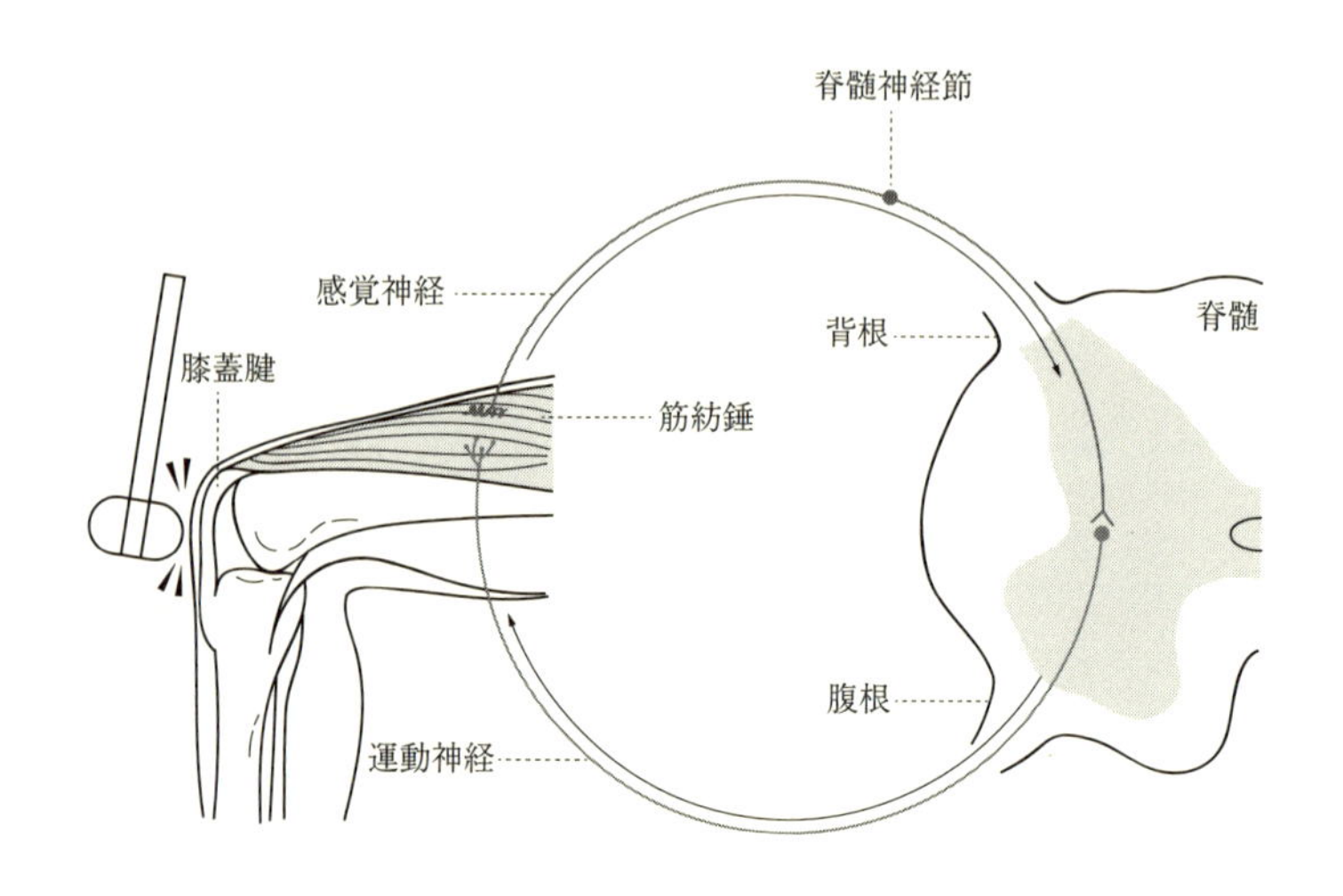

図 1 ●膝蓋腱反射の神経経路。膝蓋腱反射は筋肉が引き伸ばされたことを筋肉内に存在する筋紡錘が検出して、筋肉の長さの急激な変化を抑える伸張反射の一つである。

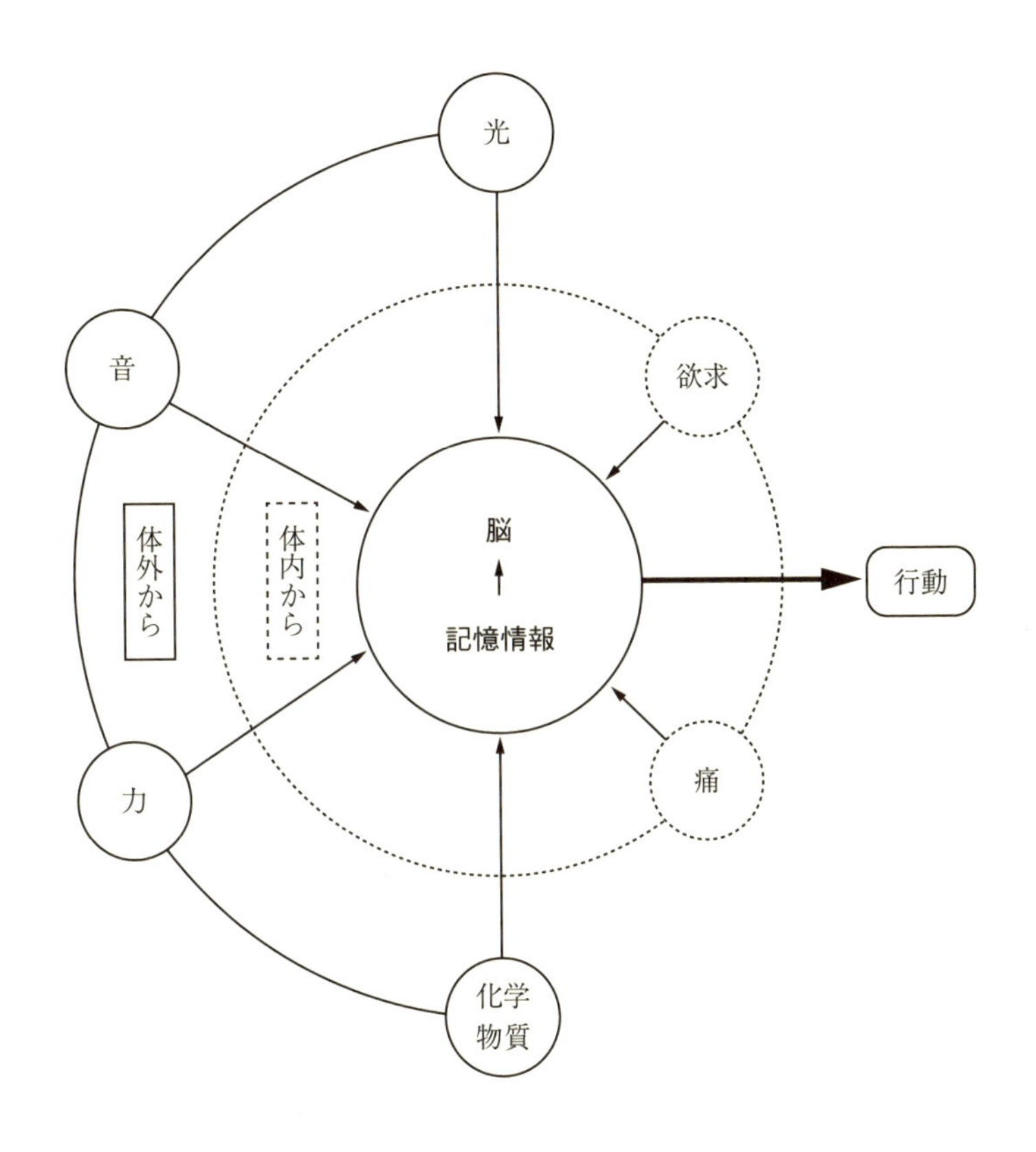

図2●脳による情報の統合と行動選択。脳は体の内外からの感覚情報を受け、また脳内に蓄えられた記憶情報も用いて行動選択を行う。

かは、スケジュールという記憶情報と空腹感で決めることになろう。次に何を食べるかは、自分が何を好きかという記憶情報と価格、そして場合によってはメニューの写真や展示物といった視覚情報、さらには店から漂ってくる食欲をそそるような匂いを考慮して決めることになるのではないか。こうした行動選択のための情報処理・統合は、神経細胞が集合した中枢神経系である脳で行われる。脳・神経系は、**情報収集・処理・統合**により、体内外からの種々の感覚情報に応じて、記憶を参照しつつ行動を制御する組織・器官である。したがって、上述したような行動の選択も、脳における情報処理・統合の帰結である。

情報伝達の担い手

神経系の情報伝達・処理・統合機能を担う構成要素は**神経細胞（ニューロン）**である。そして、ニューロンは**シナプス**と呼ばれるニューロン間の接合部を介して、情報伝達を行っている。ヒトの脳には一五〇〇億個くらいのニューロンがあり、シナプスの数はその一〇〇〇倍以上と推定されている。ニューロンは情報伝達を行うことに特化した細胞であり、情報を受容する**細胞体・樹状突起**と情報を出力する**軸索**を持つ（図3）。軸索の先端部は少し膨らんだシナプス前終末となり、他のニューロンの樹状突起・細胞体または筋細胞等と接触し、シナプスを形成する（図4）。なお、ニューロンの細胞体の直径は五～一〇〇マイクロメートル、シナプス前終末の大きさは一マイクロメートルくらいの小さな構造である。

一般的に軸索は長い突起であり、**活動電位**と呼ばれる一ミリ秒程度の短時間の電気信号を細胞体からシナプス前終末へ送る。筋肉への収縮指令信号を送る脊髄内の運動ニューロンの軸索の長さは一メートル近くにもなるが、活動電位は運動神経細胞体からシナプス前終末まで一〇ミリ秒程度で情報を伝える。活動電位（図3）は細胞膜を介した**細胞内電位**の一過性の逆転現象であり、細胞膜上の電位感受性**イオンチャネル**と呼ばれるタンパク質のはたらきにより引き起こされる。平常時、ニューロン内は細胞外に対してマイナス六〇ｍＶ程度の負の電位を示すが、活動電位発生時には細胞内電位は逆転して二〇ｍＶほど正の値になる。

活動電位がシナプス前終末に到達すると、シナプス前終末内に存在するシナプス小胞内に蓄えられている**神経伝達物質**が細胞外へ放出される。神経伝達物質はシナプス前終末が対面する次のニューロンのシナプス後部にある**神経伝達物質受容体**に結合する。すると、受容体内に存在するイオンチャネルが開き、そのニューロンの細胞内電位が変化する。ニューロンの細胞内電位がシナプス入力により一〇ｍＶ前後〇ｍＶに近づき（**脱分極**という）マイナス五〇～マイナス四〇ｍＶ程度になると、その

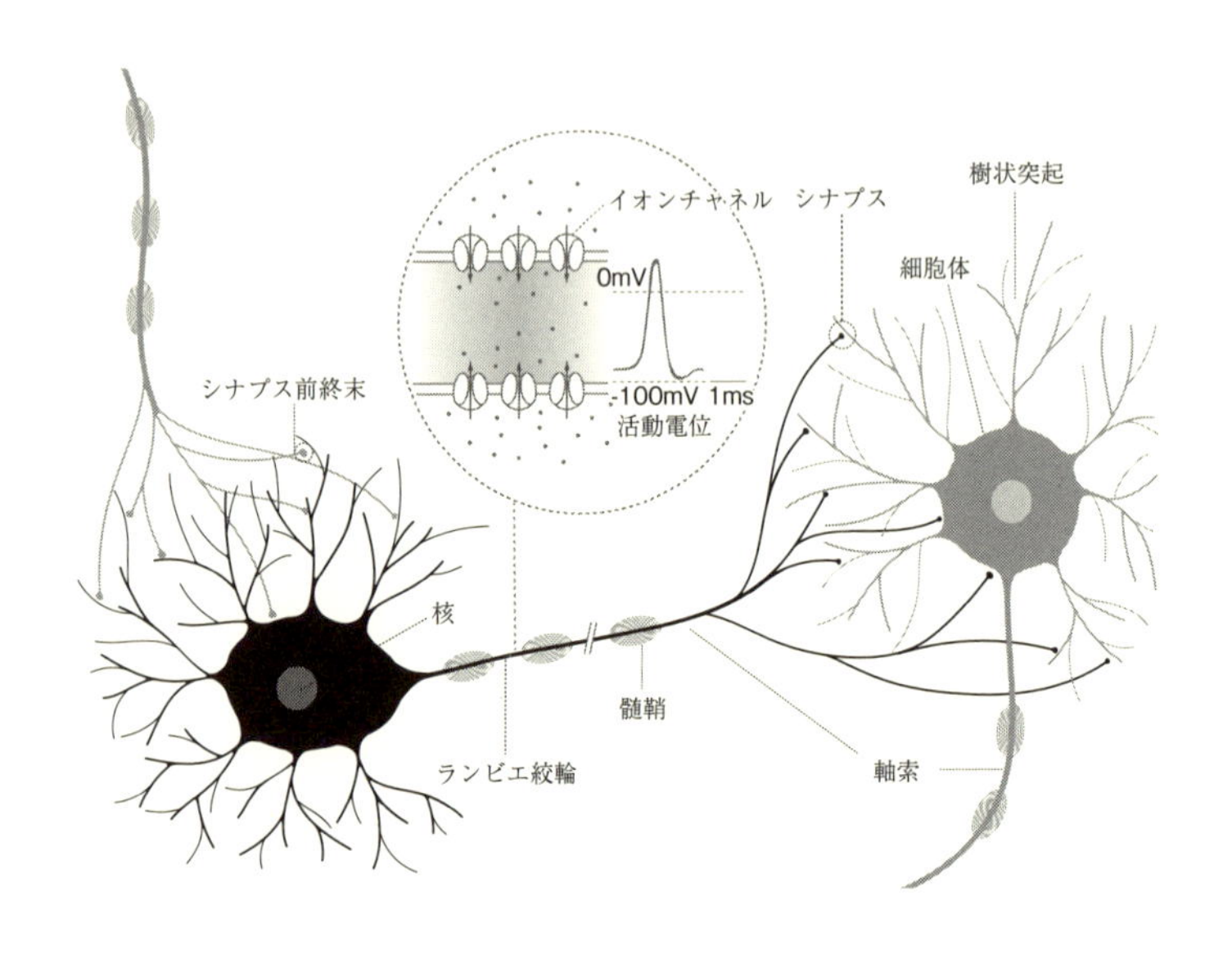

図3●神経細胞（ニューロン）と活動電位の模式図。ニューロンは樹状突起および細胞体でシナプス入力を受けて入力の和が十分大きかった場合には、軸索での活動電位発生を介して情報をシナプス前終末へ伝える。

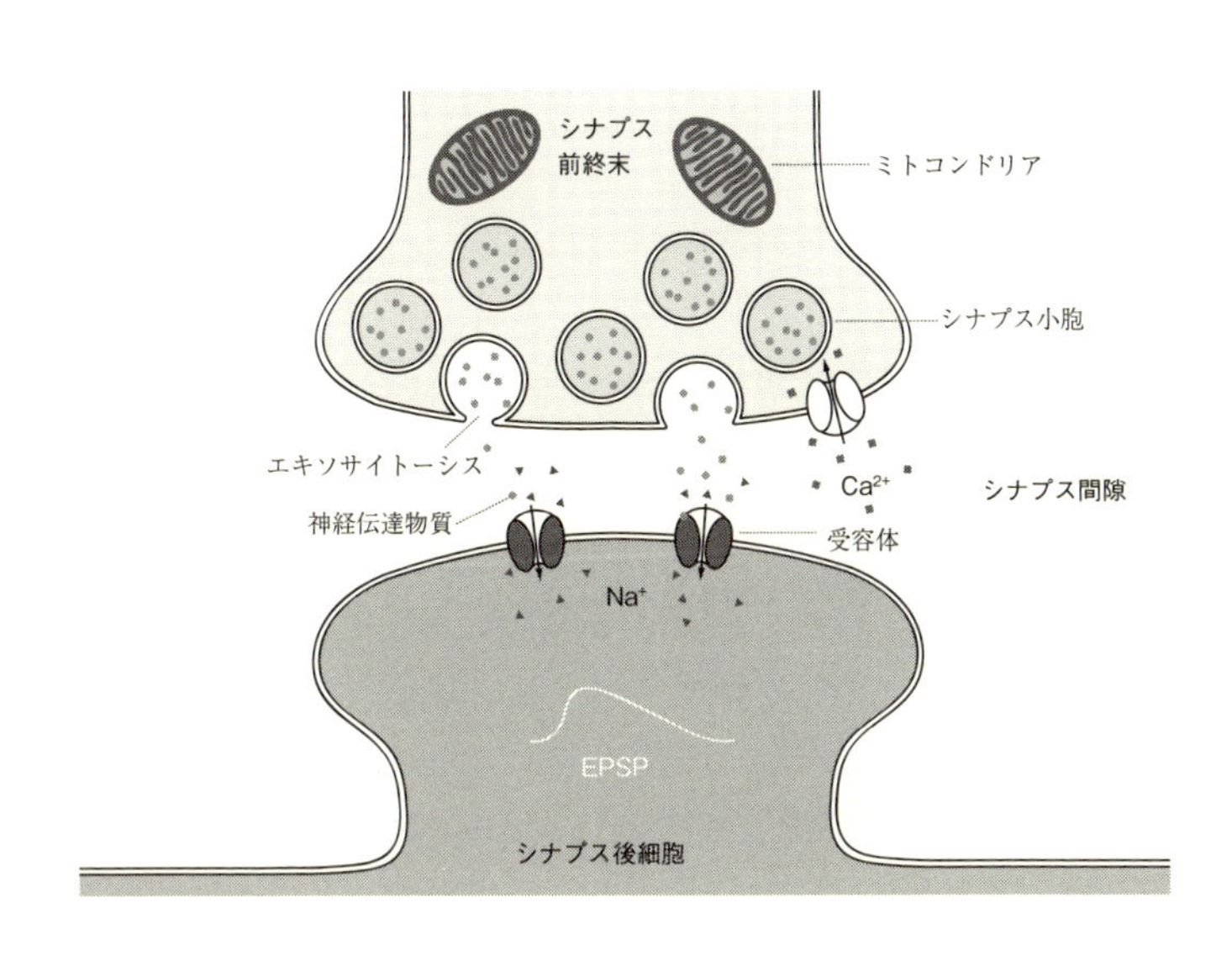

図4●シナプスの模式図。シナプスは情報を送る側のニューロンと受けとる側のニューロンが密着する1マイクロメートルくらいの小さな構造である。シナプス前部に活動電位が到達すると、シナプス前部内に Ca^{2+} が流入して、それが引き金となってシナプス小胞内に蓄積されているグルタミン酸等の神経伝達物質がニューロン外へ放出される（エキソサイトーシス）。神経伝達物質がシナプス後部の受容体と結合すると、受容体に内在するイオンチャネルが開き、シナプス後部で興奮性シナプス後電位（EPSP）と呼ばれる細胞内電位変化が引き起こされる。

ニューロンで電位依存性Naイオンチャネルが活性化して活動電位が発生する。活動電位は軸索を伝導してそのニューロンのシナプス前終末に到達して、神経伝達物質の放出を引き起こし、情報はシナプスを介してさらに次のニューロンへ送られることになる。

脳の一つのシナプスの活動による脱分極性の電位変化は〇・一mV程度であることが多い。そのため、受容側のニューロンでは一つのシナプスの活動では十分な細胞内電位変化が生じず、活動電位は発生しない。活動電位の発生には多くのシナプスが同時に活性化することによるシナプス応答の加算（**空間的加重**と呼ばれる）、またはシナプス応答が連続的に起こることにより応答が加算される**時間的加重**によって、十分な脱分極が生じることが必要である（図5）。なお、シナプスには、細胞内電位を脱分極（**興奮性シナプス後電位、EPSP**）して活動電位を起こりやすくするようにはたらく**興奮性シナプス**に加えて、細胞内電位をより負にして（**抑制性シナプス後電位、IPSP**）活動電位を発生しにくくする**抑制性シナプス**もある。なお、細胞膜電位が元よりも負の値に変化することを**過分極**という。興奮性シナプスおよび抑制性シナプスの入力が空間的・時間的に加算されて細胞内電位が変化し、その電位が活動電位発生に十分な脱分極をしたか否かで、その神経細胞が活動電位を発生するか否かが決まる（図6）。こうしたシナプス入力の加重が、神経細胞単位での情報統合機能を担っている。抑制性シナプスが活動しても、受け手のニューロンは活動電位を発生しないので、抑制性シナプスの

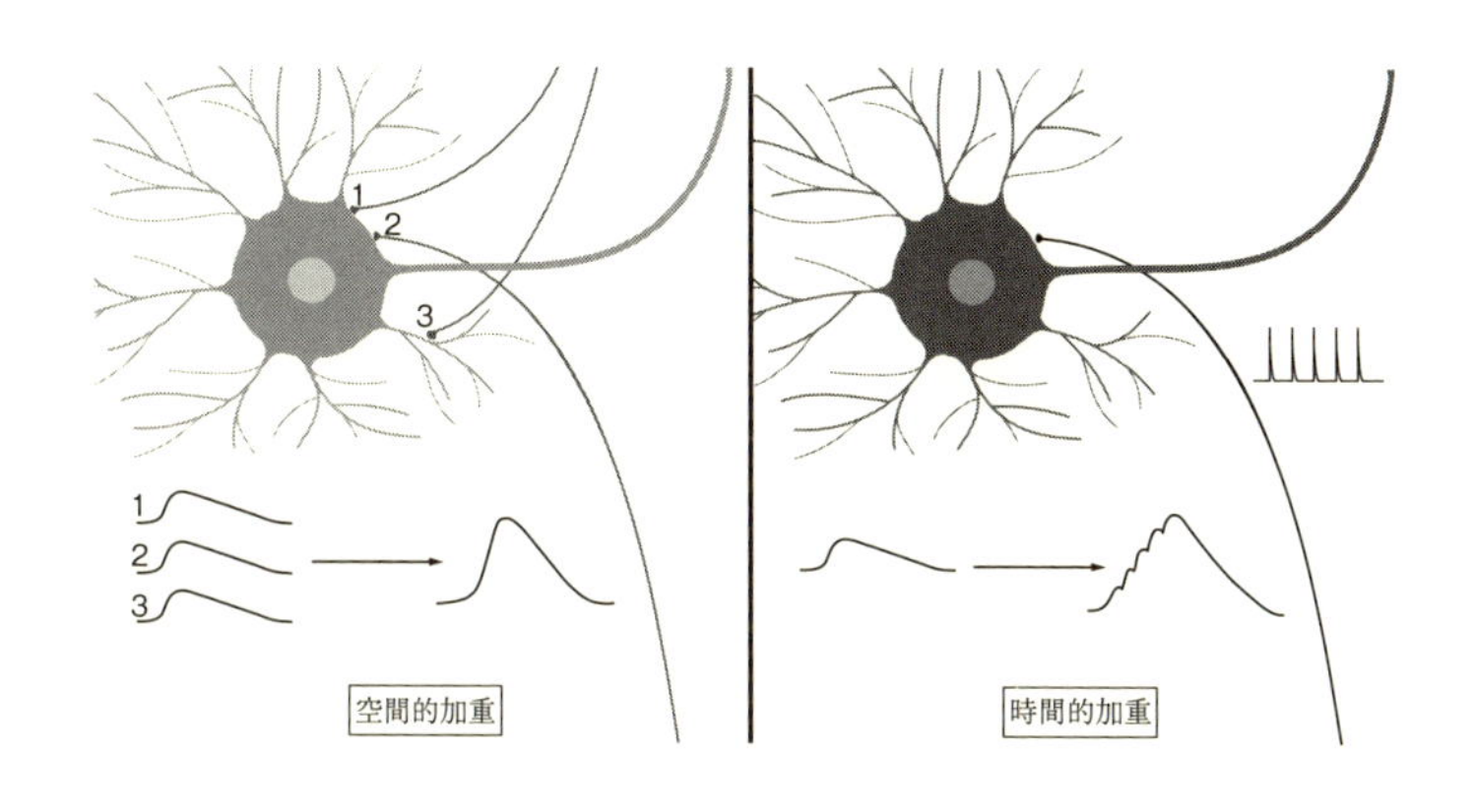

図5●シナプス電位の加重。一つのシナプス活動により生じる興奮性シナプス後電位（EPSP）は小さく、単独では活動電位を引き起こすのに十分な脱分極とならない。多くのシナプスがほぼ同時に活動すれば、それによってシナプス応答が加算される空間的加重が起こり、その結果十分な大きさの脱分極が起これば、シナプス後細胞で活動電位が引き起こされる。一つのシナプスが高頻度で活動した場合は、EPSP が減衰する前に次の EPSP が起こり、脱分極が積み重なる時間的加重が起こる。

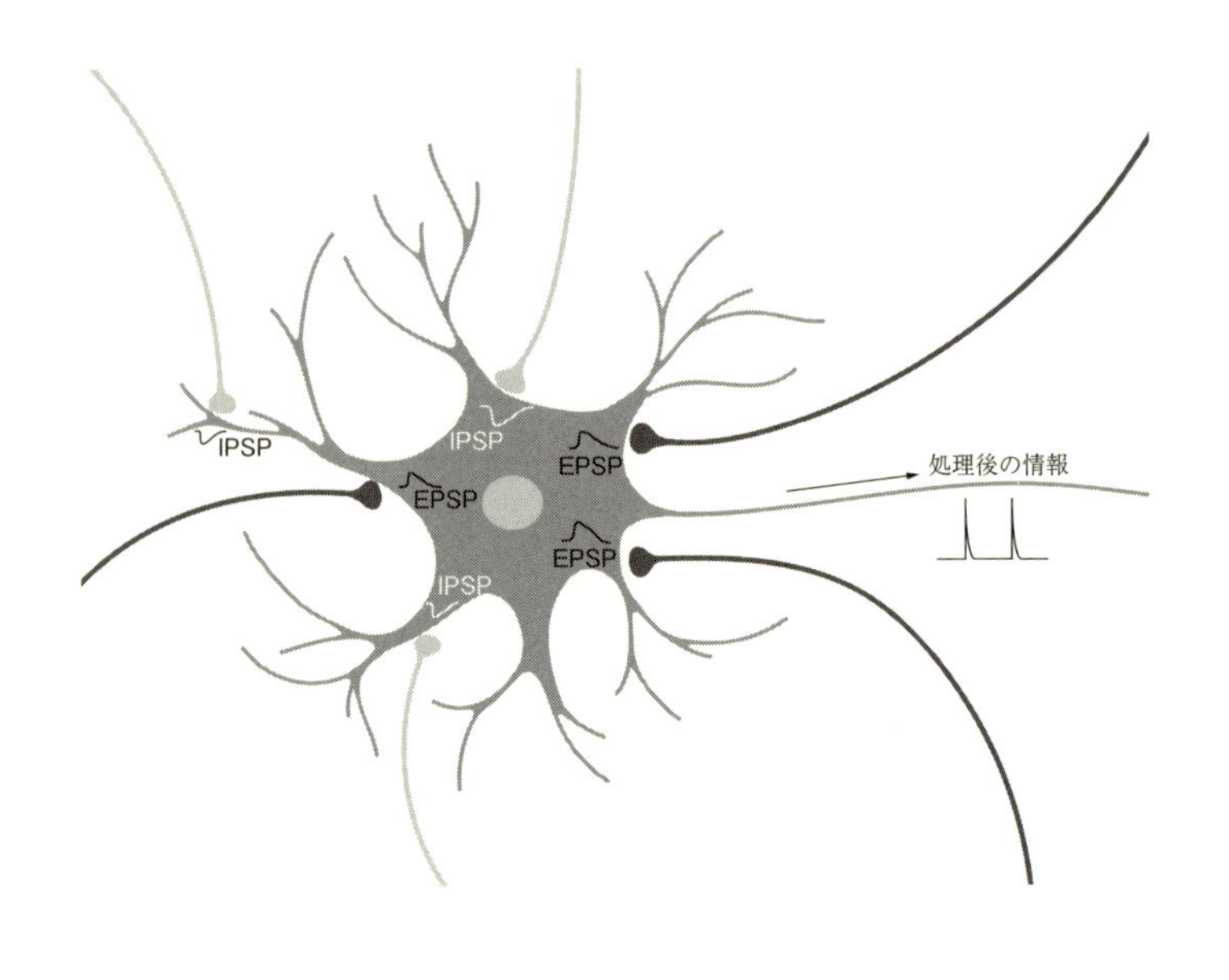

図6●興奮性シナプス入力と抑制性シナプス入力の収束。シナプス電位には細胞内電位を脱分極させて活動電位発生に寄与する興奮性シナプス後電位（EPSP）の他に、細胞内電位を過分極して活動電位発生を抑える方向で作用する抑制性シナプス後電位（IPSP）もある。空間的加重は興奮性シナプス入力と抑制性シナプス入力すべてで起こる。

重要性は理解しにくいかもしれないが、たとえば毒物を食べるのを防ぐといったように、不適切な行動を止めることに寄与する。また、動物実験で薬剤により抑制性シナプスのはたらきを抑えてしまうと、神経系の興奮性が高まり過ぎてけいれんが起こり、身体の制御が困難になることが知られている。

column

コラム01

神経細胞の実験標本

神経細胞やシナプスの細胞・分子レベルの詳細な研究には、体外に取り出した生きた神経細胞の実験標本が必須であり、可視性や操作性に優れた培養神経細胞や脳切片標本が多くの実験で使用されてきた。図は培養したネズミの小脳プルキンエ細胞を示している。左のガラス管電極を用いて神経活動を記録しつつ、右のガラス管から神経伝達物質を投与する実験の様子を示したものである。また、脳を二〇〇マイクロメートル程度の厚さに薄切りにしても、酸素・グルコース等を供給し続ければ、脳切片内の神経細胞は数時間生き続け、活動を記録することができる。

筆者は、ネズミの小脳神経細胞の培養系で、後述する長期抑圧というシナプス可塑性を引き起こせることを初めて報告した(文献26)。また近年は、培養した神経細胞で蛍光タンパク質を融合した分子を発現させて、高性能の顕微鏡を用いて観察することにより、シナプス関連分子の挙動を調べることもできるようになっている(文献27)。

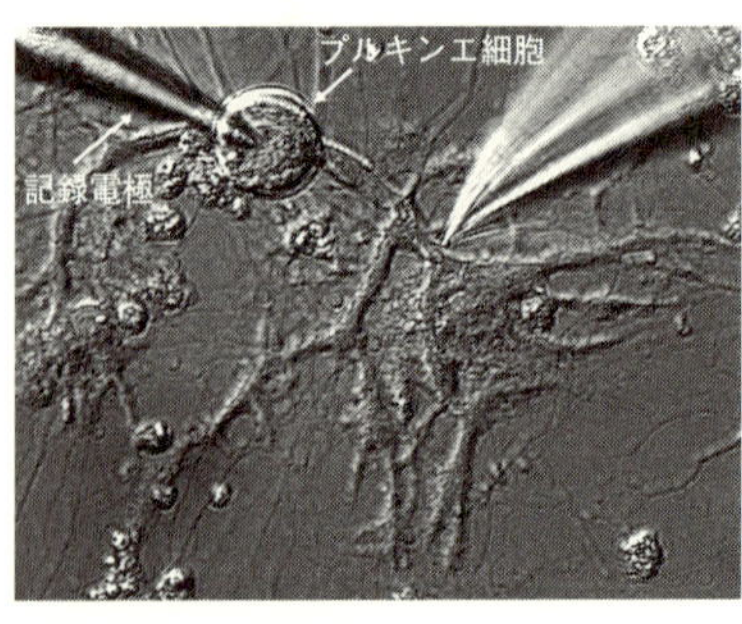

脳・神経系での情報伝達にかかわる物質

脳には、脱分極を引き起こす興奮性シナプスと過分極を引き起こす抑制性シナプスがあることを先述したが、両者では神経伝達物質が異なる。一つのニューロンは通常は一種類の伝達物質のみを放出し、伝達物質の種類によってそのニューロンが興奮性シナプス出力をするか、抑制性のシナプス出力をするかが決まる。興奮性シナプスではたらく主要な伝達物質は**グルタミン酸**であり、脳の八〇％以上のシナプスがグルタミン酸を伝達物質として用いている（図7）。一方、抑制性シナプスで使用される主要伝達物質はＧＡＢＡ（**γアミノ酪酸**）であるが、脊髄等ではグリシンも抑制性シナプス伝達物質としてはたらいている。これらはすべてアミノ酸と呼ばれる有機小分子である。また、運動ニューロンと筋細胞間でのシナプスではたらく伝達物質は**アセチルコリン**と呼ばれる小分子である。

神経伝達物質には、イオンチャネル内在型の受容体ではなく細胞内の酵素活性等を制御する**代謝型受容体**のみに作用するものもあり、神経活動を修飾する分子と見なせる。その代表は、**ドーパミン・ノルアドレナリン**等アミンと総称される小型有機分子である（図7）。これらの分子は、比較的ゆっくりとした時間経過でニューロン・シナプス活動を制御し、シナプス伝達効率の長期制御にもかかわる。また、睡眠・覚醒等動物の全身状態の制御のはたらきや、後述するように**脳内報酬系**におけるは

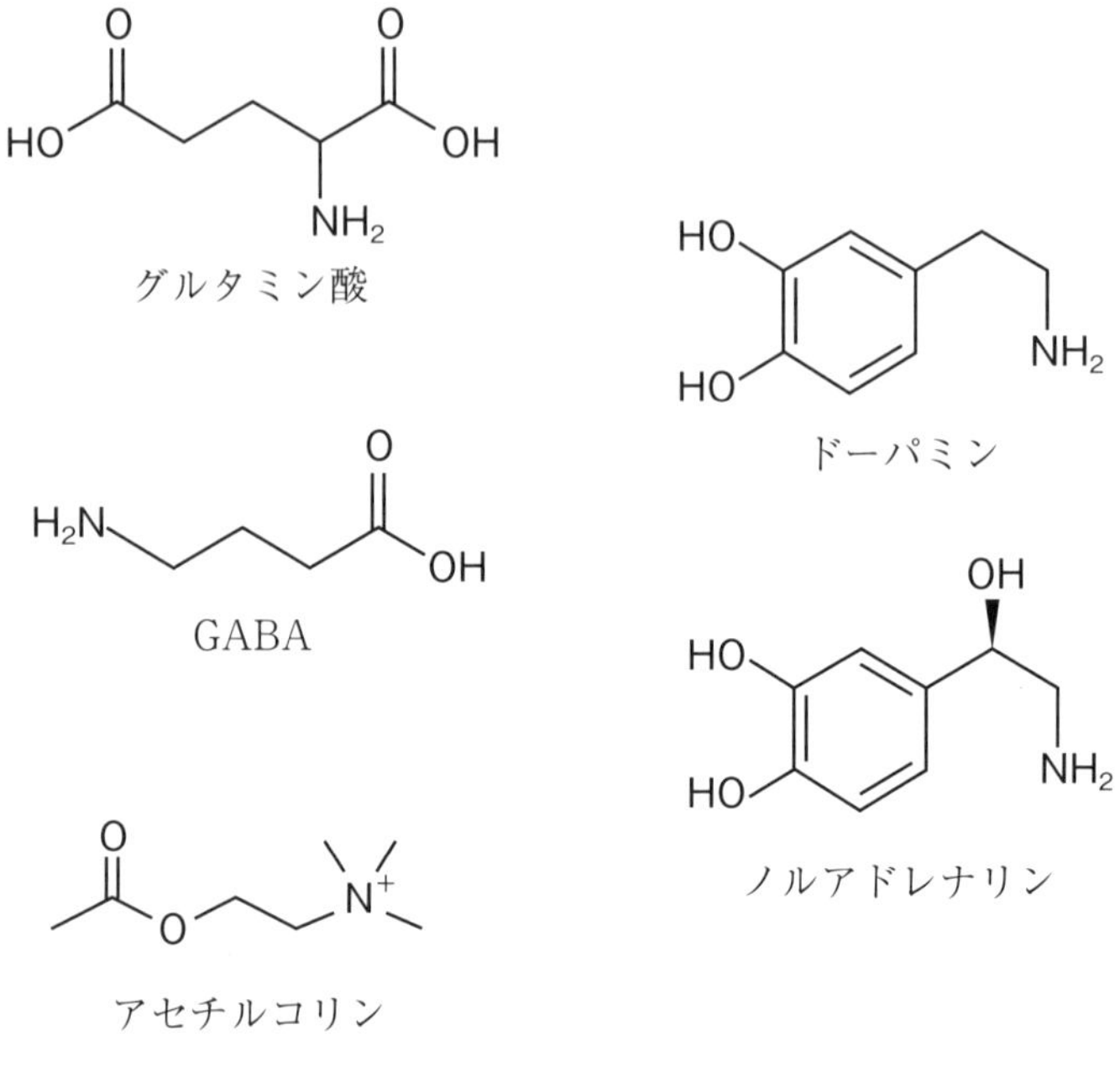

グルタミン酸

ドーパミン

GABA

ノルアドレナリン

アセチルコリン

図 7 ●主な神経伝達物質の化学構造。代表的な小型の神経伝達物質の化学構造を示す。この他にも複数のアミノ酸がつながったエンケファリン等のペプチドの伝達物質がある。

たらきにより、動物の行動選択に大きな影響を及ぼす。

脳の機能局在

脳には、**大脳皮質・大脳基底核・視床・視床下部・海馬・扁桃体・小脳・延髄**等様々な部位があり、役割を分担している（図8）。一方で、各部位は軸索により連絡し合っており、感覚情報処理・行動選択・運動制御には複数の脳部位が関与する。

たとえば、**視覚情報**は眼球底部の網膜で受容されて、**網膜**内の神経回路で情報処理されてから、視床内の外側膝状体を経由して、大脳皮質後部の**一次視覚野**へ送られる。そこで処理された情報は、複数ある**高次視覚野**に送られ、さらなる情報処理が行われて形態の認知等が行われる（図8、9）。なお、一次視覚野の一部を電気刺激すると、視野の特定部位に何か見えるように感じることが報告されており、視覚体験が実は大脳でなされていることがわかる。

視覚情報に加えて聴覚情報等の他の感覚入力情報も大脳に集まってくるが、こうした複数種の感覚入力を受ける大脳皮質領域は**連合野**と呼ばれる。連合野はいわゆる高次脳機能を司り、大脳基底核・視床・扁桃体等と連携して行動選択に関与する。また、大脳皮質には運動指令を脊髄・延髄に送る**運**

脳の外側面（ヒト）

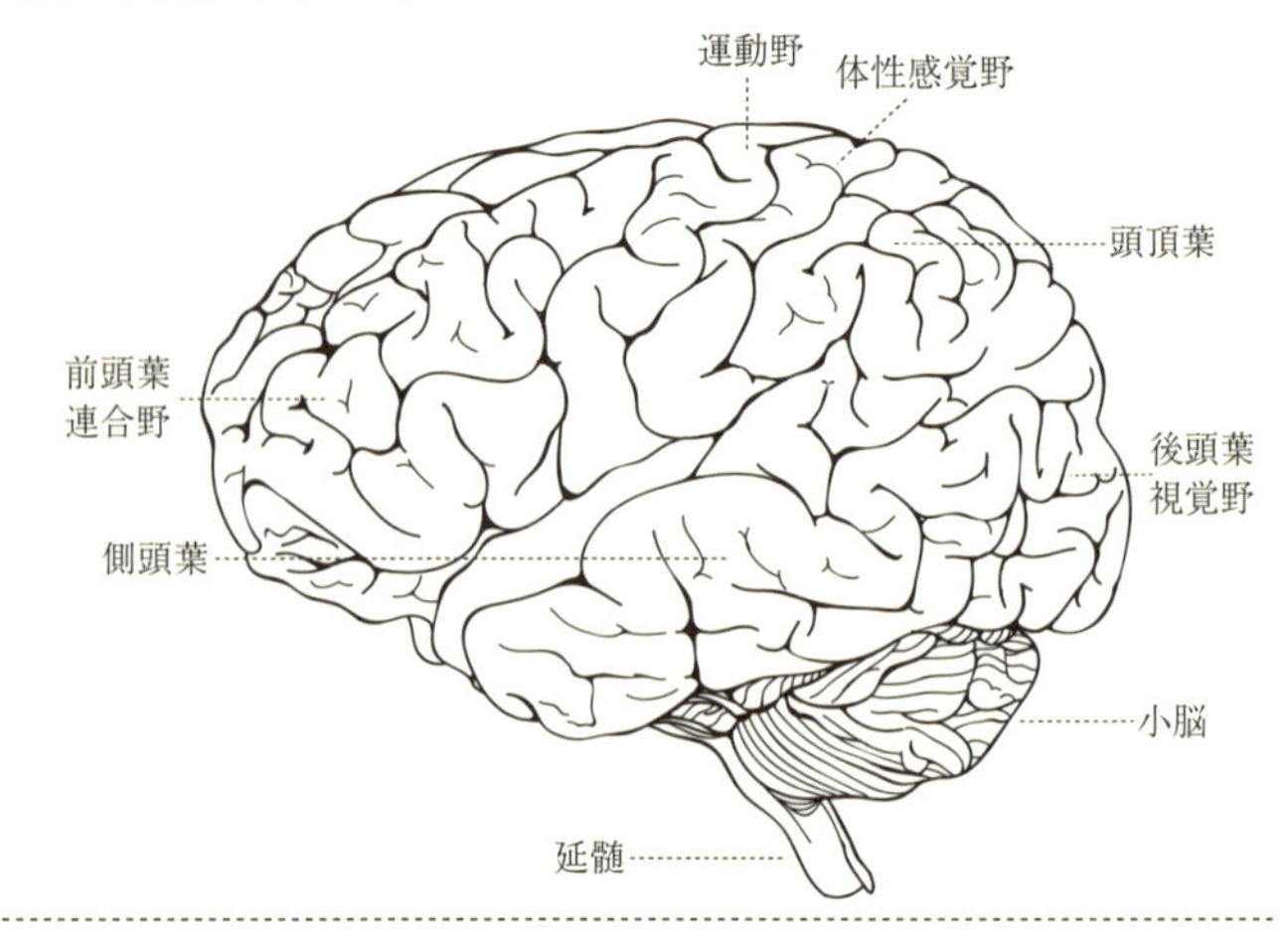

脳の内側面（ヒト）

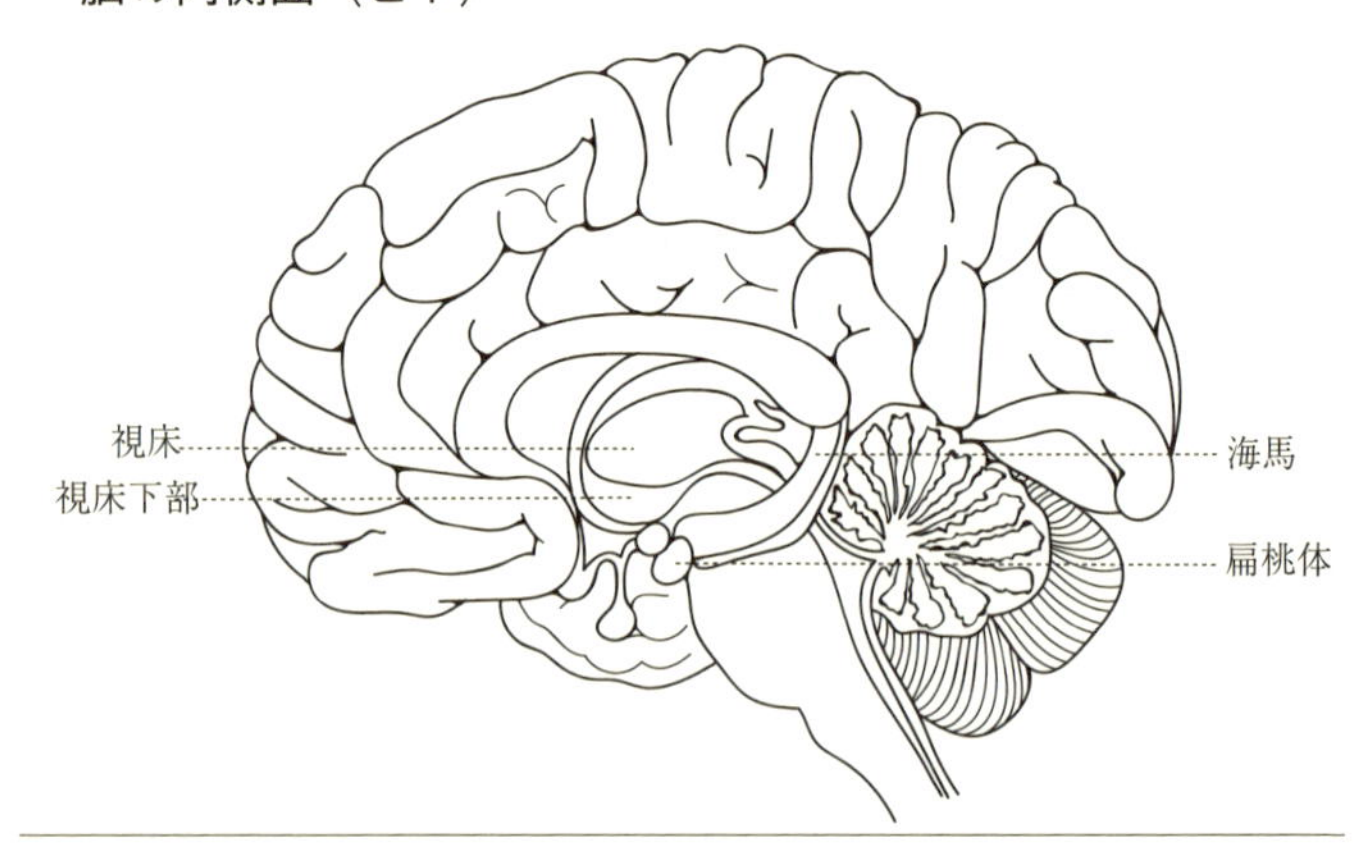

図8●脳の模式図。外観（上）および正中断面（下）を示す。大脳基底核は大脳表面の内側両側に位置している。大脳皮質では視覚等感覚を処理する領域が後方に、運動指令を出す領域が中央部に、そして様々な感覚入力を統合して行動選択等の判断を行う連合野が前部に存在している。

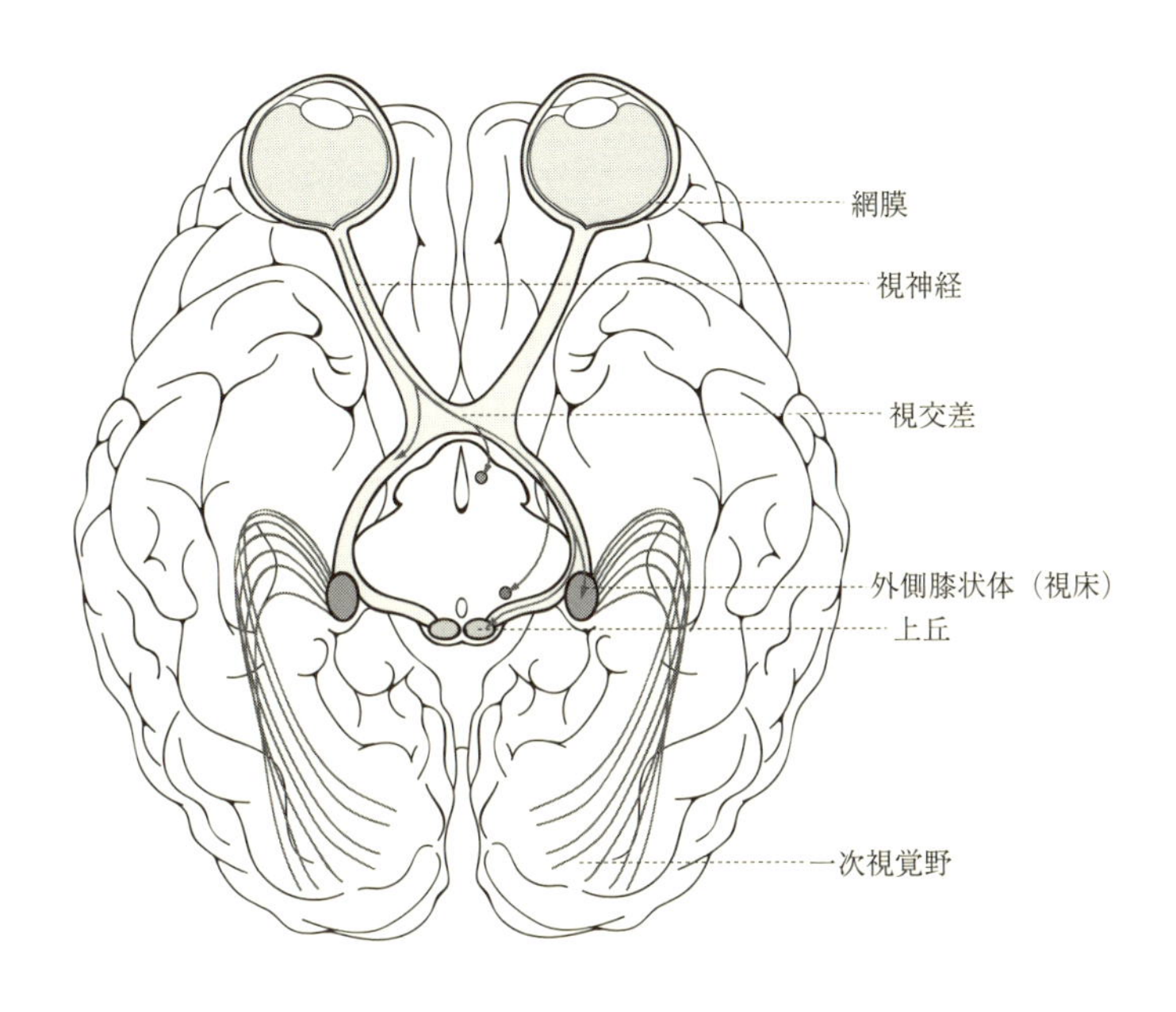

図9●視覚情報伝達経路。視覚入力は網膜から視床（外側膝状体）を介して後頭葉の一次視覚野へと送られる。高次視覚野は一次視覚野の前方に存在する。網膜は上丘と呼ばれる領域にも情報を送っている（文献1より改変）。

動野もあり、運動野の刺激によって筋肉の収縮が引き起こされることから、運動野は随意運動を引き起こす上位中枢であることがわかる（図8）。運動の制御には大脳基底核や小脳も関与しており、運動の開始や円滑な運動を可能にしている。視床下部には空腹感・満腹感に関係する部位もあり、動物実験でいずれかを破壊すると、絶食または過食が起こることから、各々の部位が空腹感や満腹感を引き起こすと見なされている。**海馬**の破壊では新たに事物を覚えることが困難になる**前向性健忘**になり、短期的な記憶を長期的な記憶に移行させる**記銘**ができなくなる。青年期に海馬を損傷した患者で、数時間の短期記憶および少年期の記憶は残っているが、前日のことはまったく覚えてないという症例が報告されている。また、**扁桃体**の破壊で恐れが消失することも知られている。たとえば、サルは一般的にヘビを恐れるが、扁桃体を破壊されたサルはヘビを恐れなくなるという。

このように、各脳部位には各々の役割がある。ただし上述したように、海馬破壊によっても破壊以前の記憶は残るし、短期的な記憶も消失しない。また、運動の記憶等も影響を受けない。記憶機能には大脳皮質を含む複数の脳部位がかかわっている。脳の各部位は各々の役割をもっているが、それらは独立しているのではなく他部位と連携してはたらいている。

column

コラム02 大脳と小脳

皆さんは脳といえば、まず大脳皮質を思い浮かべると思う。霊長類における大脳皮質の発達は顕著であり、それがヒトの高度な情報処理機能に大きく貢献していることは間違いない。一方で小脳の体積は大脳の一〇分の一くらいと小さく、それ故に小脳と呼ばれている。ただし、神経細胞の数は小脳皮質の方が大脳皮質よりも多く、神経細胞数に着目すれば、小脳皮質は軽視できない脳部位である。

図は神経細胞体を染色したねずみの小脳断面図を示しているが、大脳皮質の一部も示されている。大脳皮質は六層構造を示すが、この図でもわかるように、各層の境界はわかりにくい。一方で、小脳は分子層・顆粒層とその間にある狭いプルキンエ細胞層からなる境界が鮮明な三層構造を示す。小脳の神経細胞数が多いのは、顆粒層に小型の(直径数マイクロメートルの細胞体をもつ)顆粒細胞が高密度で存在するからである。大脳皮質には多種・多様な神経細胞が存在し、各種神経細胞間の結合様式も複雑で、現在も神経回路構築の詳細を解明するための研究が精力的に行われている。一方で、小脳皮質の神経細胞は数種類と限られており、各細胞種間のシナプス結合様式も解明されており、大脳皮質と比較すれば神経回路構築は単純である（文献24）。

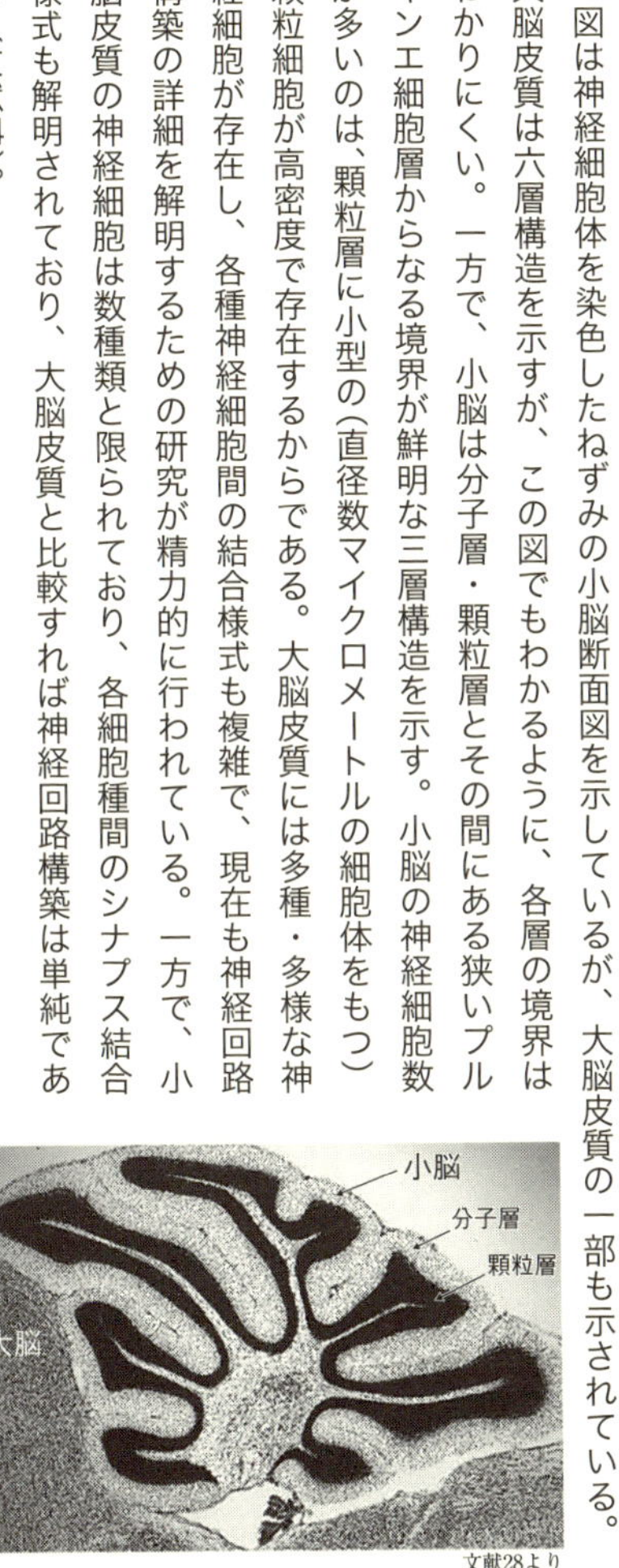

文献28より

2 知覚と意識の神経基盤

脳の一部を刺激すると視覚体験が生じること、空腹感や満腹感を引き起こす脳部位もあることを説明した。こうしたことから、知覚体験を生み出しているのは脳と考えられる。ところで、ネズミがレバー押しといった行動を行った時に特定の脳部位が電気刺激されるように設定すると、ネズミはひたすらレバー押しを繰り返すようになることが報告されている（図10）。このような脳部位には神経修飾物質であるドーパミンを放出するニューロンが局在しており、動物に快感をもたらしているのではないかと推察され、**快楽中枢**と呼ばれている。このように、脳のニューロン活動は動物や私たちに様々な**知覚**体験をもたらすとともに、快感といった感情も引き起こすと考えられる。なお、知覚とは感覚よりは高次のはたらきで、外界の事物や事象または自分の身体の状態を総体として把握することとされている。また、脳科学・心理学等で認知という単語も用いられるが、**認知**は知覚した事物や事象について解釈・判断する情報処理過程とされている。

私たちの感情・認知等内的体験いわゆる心のはたらきとニューロンの活動の間に関連があると指摘されても、物理・化学的に説明可能なニューロンの活動と精神的体験の間には大きなギャップがある

図10●ネズミがバーを押すと脳の特定領域が電気刺激されるようにすると、ネズミはバーを押し続ける。こうした領域は快楽中枢と呼ばれ、脳内報酬に関与すると考えられている。（文献18）

と感じる方は多かろう。シナプスに関する初期の研究で一九六三年にノーベル賞を受賞したジョン・C・エクルスは、哲学者のカール・ポッパーと『自我と脳』（文献7）という著書を一九七七年に出版して、物質世界と精神世界が存在するという二元論を唱えたが、その説には異論も多い。ヒトの内的な体験・感情をどのように理解すべきかという問いは、答え難い哲学的な問いである。私は、問いの設定が本質の理解向上のために適切ではないかもしれないと感じている。

この状況は、「生命とは何か」という問題設定をめぐる状況と似ているような気がする。「生命」は大雑把に言えば、自己増殖能を有する有機高分子群からなる独立した集合体といったことになると思うが、ウイルスを生命と見なすか否かが問題になった。ウイルスはタンパク質や遺伝情報をもつ核酸でできた独立した構造物で増殖能をもつが、それは安定した結晶も形成でき、その状態でもウイルスとしての活性を失わない。結晶を作るようなもの、また他種の細胞に寄生しないと増殖できないものを生命と見なすのが妥当かということ等が議論になった。しかし、ここで重要なのはウイルスを生命と見なすか否かよりも、ウイルスをよりよく理解することだと思う。ウイルスを生命とするか否かは定義しだいであり、いずれと見なしてもウイルス感染への対処方法等は変わらない。

ここではヒトを含む動物が進化過程の自然選択において優位性を得るために脳が発達して、その帰結として知覚・**意識**・**心**が生まれ発達してきたという観点で考察することにより、意識や心の本質の理解に迫りたいと思う。

知覚・認知・意識

自らの内心に思いを巡らせるとき、私たちは様々な状況での自身の感情や考えを思いおこして整理する。そしてそうした時には、特定の感情や考えを順次呼び出して評価している。こうした心の内を探るはたらきをするのが意識と考えられる。

もっとも意識という用語は、いくつかの異なった使い方をされている。医師が意識レベルという時、それは**覚醒の状態**を指している。はっきりと目覚めている、半分眠りかけ、睡眠中、重病で刺激に応答できない状況等を区別するのが意識レベルである。また、気になる異性がいる時に、その人を意識するといった使い方もされる。この場合の意識は、何かに**注意**・留意するという意味である。そして、前述した心の内を探る意識という存在もある。これらは異なるレベルの意識であり、後者ほど高次なはたらきと考えられる。しかしながら、どの場合でも意識は特定の事物等に焦点を当てることを指していると考えられる。

ここでは、意識の存在が動物にいかなる優位性をもたらすかという観点から、意識の本質に迫りたい。先述したように、意識はある特定の事物に注意するはたらきと考えられる。そうすると、注意に利点があるということになる。ヒトも動物も多様多種な刺激を外界から受けている。刺激の中には無視しても大きな問題にならない事柄も、生命の維持に直接かかわるような事柄もある。外界からの刺激の中から重要な事柄を選別し、他の刺激には応答しないという優先順位を明確にした対応をすることが大事であり、そのために必要なのが注意と集中である。たとえば、草食動物が草を食べている時に近くに肉食動物がいることに気づけば、その動きに注意して捕食されることをさけるために逃げる算段をする必要がある。一方で、近くに別種の小型草食動物を見つけても、食事に集中していて問題はない。

ある一連の複数の行動を順次行うことによってのみ、利益につながることは多々ある。この場合は、一連の行動を行っている途中で、重要でない刺激が入ってきた時には、それを無視して一連の行動に集中してそれを完結することが動物にとって望ましい。たとえば、受験中に多少空腹を感じても、解答を続けることを優先するべきである。一連の行動に集中し、ささいな外乱刺激を無視するのも意識のはたらきと考えられる。意識は、脳への多種・多様な入力に対して優先順位を定めて適切な対応行動を選択し、それを完遂するためのしくみとして発達してきたと推測できる。そして、そうした行動をできることが、自然選択下において他種または他個体との競争で有利にはたらいたと考えられる。

なお、心についてはＡＩに関する次章で取り上げる。

動物の情報処理特性

ところで、私たちの感覚はどれだけ忠実に外界の状況を反映しているのであろうか？「百聞は一見にしかず」ということわざがあるが、目で見たものはいつでも正しいとは限らない。外界からの入力に対する動物の対処能力は、感覚器およびその信号を処理する神経系に依存している。そして、ヒトを含む動物が検知できる外界からの信号は限定されており、その処理過程は刺激を忠実に反映したものではない。たとえば、ヒトは**可視光**と呼ばれる特定波長領域のみを知覚し、それよりも短波長の紫外線や長波長の赤外線は見ることができない。しかしながら、私たちの生活空間には紫外線も赤外線も存在する。昆虫の一部は紫外線を見ることができるし、赤外線を感知して夜間の捕食に利用しているヘビもいる。また、感覚器は刺激の大きさに比例した応答をするわけではなく、一定の刺激が持続した場合は反応が小さくなり、刺激が変化した時に反応が強くなる。さらに**感覚情報処理**系では、コントラストを強める作用があるし、また欠失した部分を埋めるようなはたらきもする。以下では、これらの動物の情報処理特性と、そうした特性がヒトの判断にどのような影響を及ぼすかについて見て

図11●視覚のコントラスト増強。上図の中段の灰色では、左側が暗く右側は明るく見えると思う。しかし、中段は下図に示したように明度は均一である。上図で明るさが一様に見えないのは、上下段の影響によると考えられる。上下段と中段の明るさの違いを強調するようなしくみが視覚情報処理過程に内在している。

いこう。

まず、感覚処理で行われている**コントラスト増強**作用について説明する。図11の中段の灰色に注目して欲しい。上図では、中段の灰色は左側が暗く右側が明るく見えると思うが、いかがだろうか？実際は、上図中段の灰色は下図のように均一の明度の灰色なのであるが、上段―下段の明るさ暗さの影響で、コントラストがつくような明度の勾配があるように見えてしまうのである。これは、抑制性ニューロンによる**側方抑制**神経回路のはたらきによるものであり（図12）、それが外界からの入力の小さな違いを強調することによって、事物の認知を促進するはたらきをしていると推測される。抑制性シナプスは、こうした側方抑制による感覚・知覚のコントラスト増強でも重要なはたらきをしている。コントラスト増強作用には、事物の迅速な認知を向上させるはたらきがあると考えられるが、一方で知覚の客観性をゆがめているとも言える。

また、知覚情報処理では欠損部分を無意識に**補填**してしまうようなはたらきもある。今度は、図13を見て欲しい。カニッツァの三角形と呼ばれる図形で、明示的な三角形は存在しないが、中央に下向き白色の三角形があるように見えると思う。また、網膜には盲点があり、盲点に相当する部分には視覚入力が入らないはずだが、私たちは視野に欠損部分があると感じることはない。知覚情報の欠損部分を自動的に埋めてしまうようなはたらきが脳内で行われるのである。つまり私たちは、あるがまま

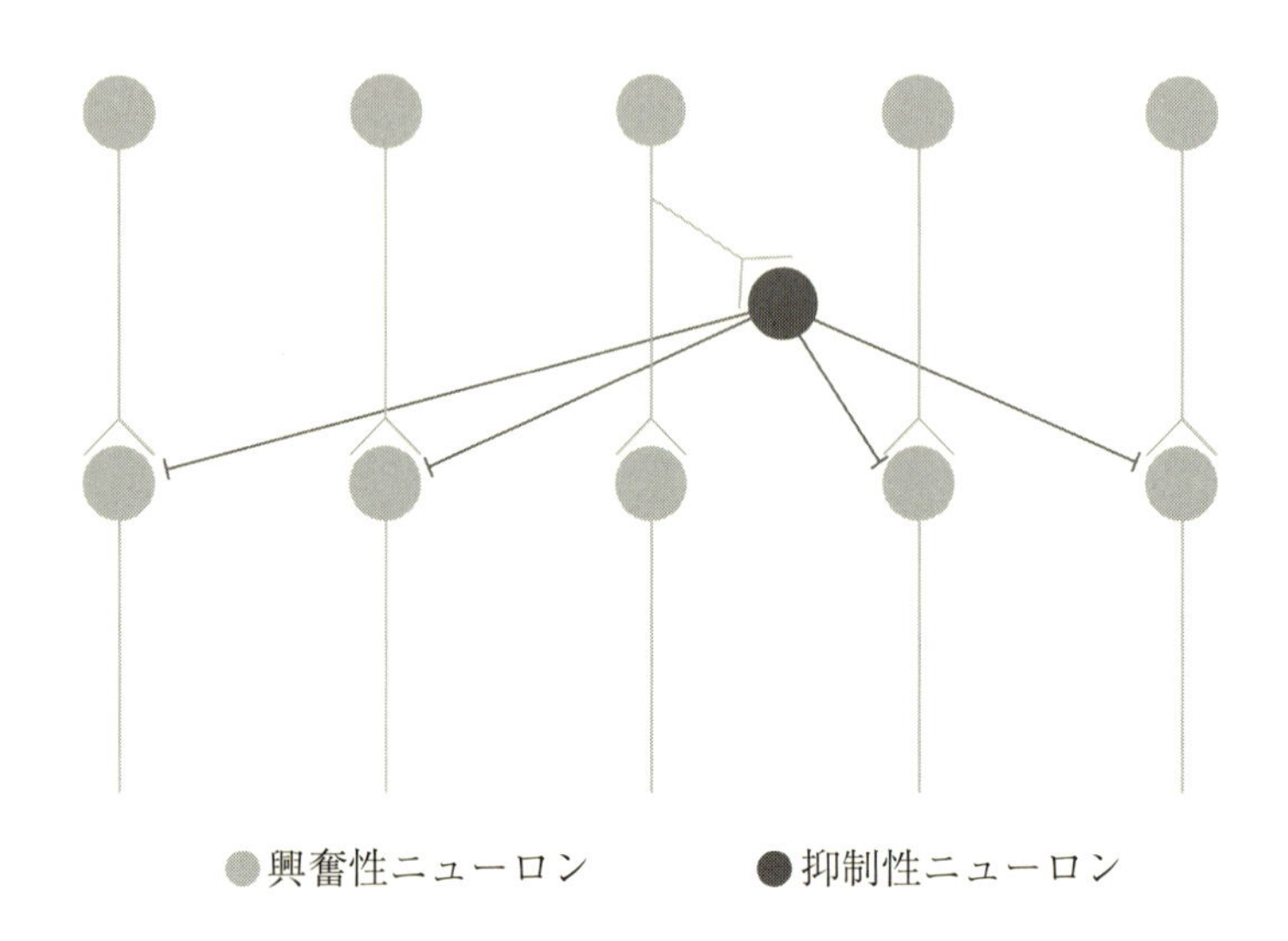

図12●側方抑制神経回路。興奮性ニューロンが並行して情報伝達を行う神経系で、興奮性ニューロンから入力を受け周囲のニューロンへ出力する抑制性ニューロンが存在するのが側方抑制の神経回路である。この神経回路により図11で示したようなコントラスト増強が起こる。

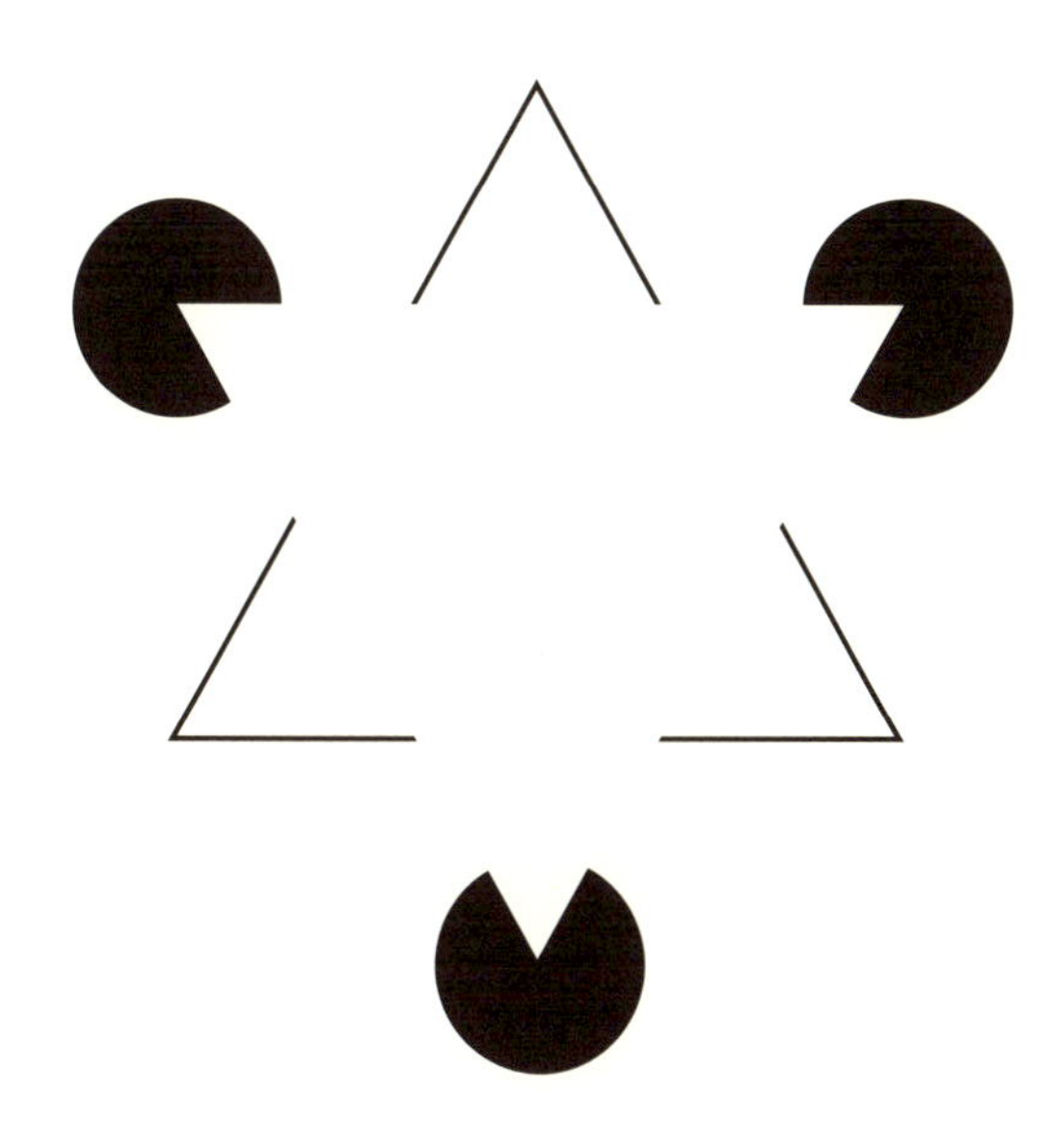

図13●視覚系での欠失部の補填。カニッツアの三角形。この図では三角形は明示的には存在しないが、中央に下向き白色の三角形の存在を認められると思う。感覚情報処理過程では、情報の欠失部を自動的に補ってしまうような処理が行われている。

に外界を認識しているのではなく、脳内で加工された外界情報を知覚しているのであり、様々な**錯覚**が生じるしくみが神経回路に内在しているのである。

私たちの知覚は、一定の刺激に同じ応答をするのではないことにも留意する必要がある。臭いは短期間に感じられなくなる。良い匂いも悪臭もしばらくするとほとんど感じなくなった経験を誰しもしていると思う。感覚器の応答は刺激の大きさに一定の反応をするのではなく、刺激が変化した時に大きな反応をして、その後の応答は小さくなり一定値となることが多い（図14）。すぐに新しい状況に**慣れ**てしまうのである。したがって、刺激の絶対的な大きさの知覚は難しいことになる。

先述したヒトを含む動物の知覚機構の特徴は、私たちの判断にも影響を及ぼしている。私たちの知覚はコントラストを強調し、また欠落部分を無意識のうちに埋めてしまう。また、同じ状態が続くとそれに慣れてしまう。我々の思考や判断も、違いを強調したり、不明部分を穴埋めすることにより、バランスを欠いたり誤解したりすることが多いかもしれない。また、良い状態でも悪い状態でもそれが継続すると、その状態があたりまえになり、各々の利点も問題点も良くわからなっていることがある。私たちの感覚・知覚はそれほど客観的ではないことを自覚しておくことは重要である。

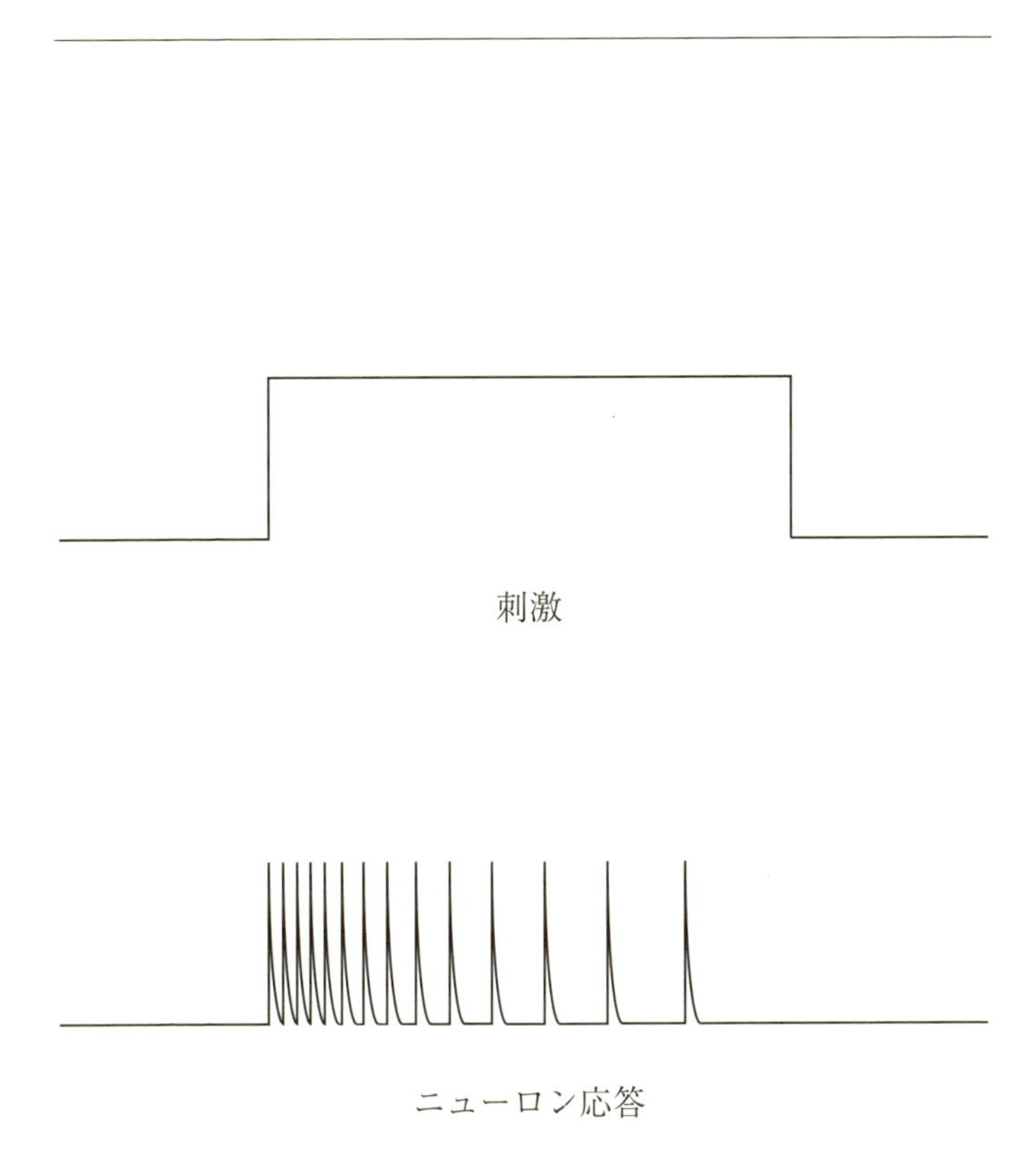

図14●順応。嗅覚系等感覚系では、刺激が持続しても応答がしだいに弱くなるニューロンが存在する。私たちの感覚系は刺激の変化には敏感だが、持続する刺激に対しては応答がしだいに弱くなる場合が多い。

直列処理と並列処理

ヒトの脳・神経系における情報処理過程には、**直列処理**と**並列処理**が混在している（図15）。並列処理の典型例として、視覚情報処理過程があげられる。外界の風景からの光入力は、眼球のレンズを介して**網膜**上に投影され、外界の各地点からの光は、網膜の対応する部位にある錐体または杆体と呼ばれる**光受容細胞**で検出されて、その後**並列処理**される。なお、視覚情報処理過程では各部位からの情報は統合され、視野内のより大きな領域を占めるヒトや物体等の認知が可能になる。

視覚情報の**並列処理**は、網膜における初期過程のみに限定されない。大脳皮質**一次視覚野**からの情報は大きく二系統に分かれ、腹側方向と背側方向にある**高次視覚野**へと送られる。これら視覚の**腹側経路**と**背側経路**では、異なった情報処理が並行して行われる。腹側経路では図形の形状の認知がなされる。たとえば、サルの腹側の側頭葉の一部にはサルやヒトの顔やその画像によく応答するニューロンが存在し、**顔細胞**と呼ばれている。一方、背側の大脳皮質には、**立体視**や物の動きの知覚にかかわる高次視覚野が存在する。そういった領域の一部に損傷のある患者での外界の認知は、映画の一コマ一コマが続くような感じになるという。そのため、道路上の自動車が止まっているか動いているかの判断が難しくなる。また、カップにコーヒーを注ぐ時にコーヒーが増えていくのを認知できずに、溢

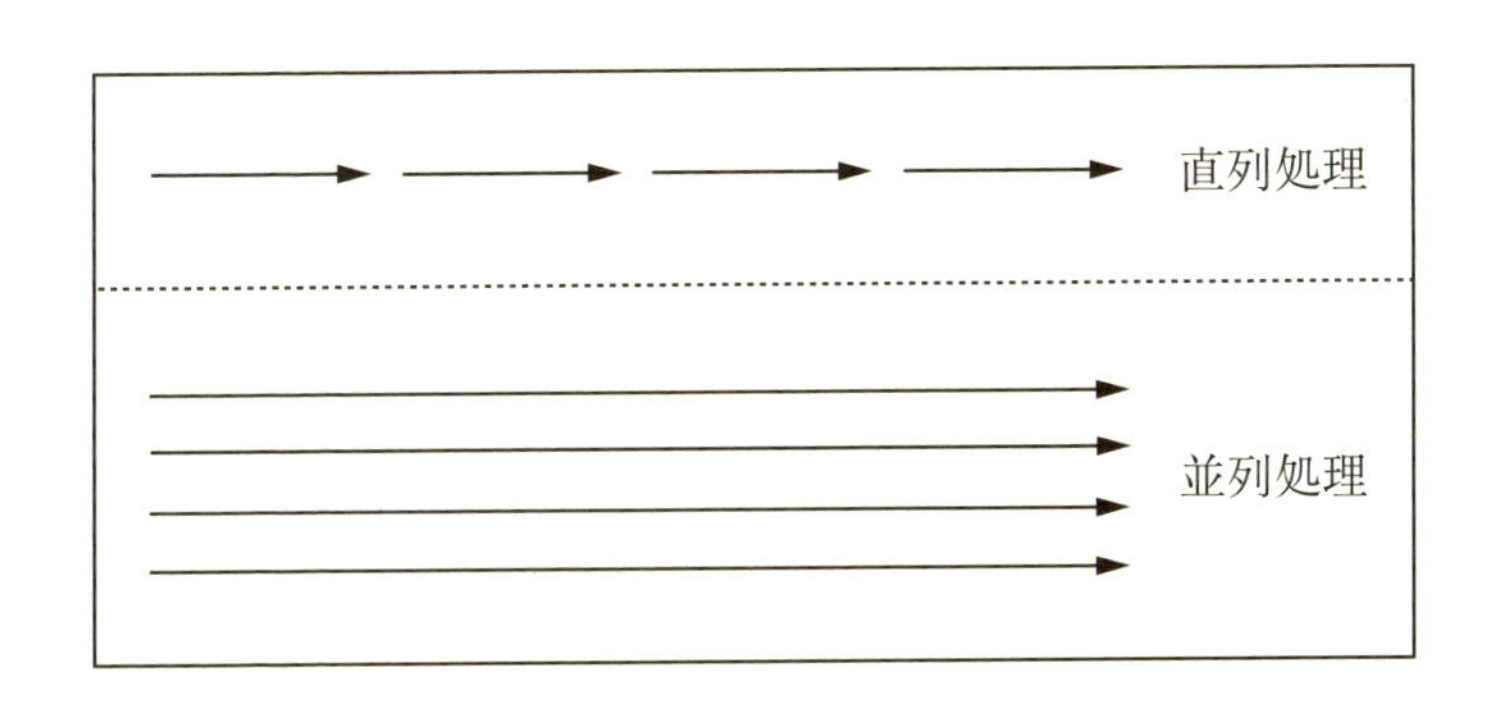

図15●直列処理と並列処理。情報の伝達・処理方法には直列処理と並列処理がある。脳内でも両者が行われているが、並列的な処理が多用されている。

れさせてしまうことがあるという。このように、形と動きの認知は並列処理されるが、その後の情報処理過程で統合されると推測される。

直列的な情報処理として、言語処理が考えられる。私たちは単語を順番に並べて文を作って情報を伝えている。言語を用いた意識的な思考も、基本的には直列的なものだと思う。コンピュータープログラムで順序立てて情報処理を行う過程に似ている。ただし、言語を用いた思考に際しては、ある瞬間に扱っている単語だけではなく、それと関連した単語・概念等が頭に浮かんでいるというか、すぐに**意識**に上がる状態になっていると考えられる。そして、それらがある瞬間に発せられた、または書かれた単語と結びつく形で思考が展開される。そういう意味では、言語を用いた直列的な情報処理にも並行した情報処理過程があると思われる。

ところで、意識的な思考時にすぐに呼び出せる事柄や概念等の集合を**作業記憶（ワーキングメモリー）**と呼ぶ。作業記憶の容量には個人差があるが、平均的には7程度と言われており、電話番号の数字数と同じになっているのには何らかの意味があるのかもしれない。いくつかの単語等を短時間見せられた後、思い出せる数が作業記憶容量に該当する。作業記憶容量が限られていることは、言語による思考の直列性と関係があると考えられる。

気づきと発見

日々の生活でも、私たちはそれまで見落としていたことに気づくことがある。また、科学者は**発見**や新たな考え方・見方を模索している。**気づき**や発見の本質は何であり、それらはどのようにしてもたらされるのであろうか？　気づきと発見は基本的には同様のことと思うが、それらの本質は以前無関係と考えていた事柄等の間に関連性を見出すことと見なせよう。

数学的・科学的な問題を解明または解決しようとする時には、その問題の背景や関連事項をいろいろと考える。まず直接関係しそうなことを考えるが、難しい問題だとなかなか答えが見つからない。そうした時にあまり関係ないことを行ったり、睡眠をとったり、特に何を考えるでもなくリラックスしてみると、不意に元の問題と関連する事柄が頭に浮かんで、それが問題解決や発見につながるといった経験がある。問題を集中して考えている状態は、前節で述べた直列的な情報処理過程が主にはたらいて、**作業記憶**に上がってくる事柄も問題Aに直結する事項がほとんどなのだろう。問題Aを深く考えた後では、その問題とは直接関係ないBをしている時にも、Aに関係する脳内過程が無意識下でBに関する脳内過程と並行して進行し、A、B間の関係性が作業記憶に浮かんでくるのではないだろうか。神経回路で考えてみるならば、Aに関連する一群のニューロン（a）とBに関連する一群のニューロン（b）は独立に活動していたが、ある時にaの活動とbの活動が同期するといったことが起こったのではないかと推測できる。そして、そうした活動が作業記憶に上がってきて、言葉あるいは式等で表現されて、それが正しければ新発見になると考えることができよう。質の高い思考には、集中とともに精神的な余裕やゆとりが必要である。

3 学習と記憶——行動選択を改善するしくみ

私たちは経験から学び、行動選択パターンを変えている。こうしたことができるためには、脳・神経系で何かが変化している必要がある。そして、その変化が起こる部位として重要なのが**シナプス**である。

シナプス可塑性と三つの学習機構

シナプス応答の大きさは、シナプスまたはニューロン活動により持続的な変化をする。こうしたニューロン・シナプス活動依存的な持続性のシナプス伝達効率変化は、**シナプス可塑性**と呼ばれ、学習・記憶の細胞レベルの基盤現象とみなされている。ヒトを含む動物は、経験により行動を変化させる。動物個体にとっての利得につながった行動は、その後も積極的に選択されるし、逆に危害あるいは損失を受けることにつながった行動は避けるようになる。こうした学習と学習した内容の保持である記憶に基づく行動変化に際しては、脳内の神経回路内で何らかの変化が起こっているはずであり、その最有力候補がシナプス伝達の可塑的変化である。シナプス可塑性には、持続的な情報伝達効率亢進である**長期増強**、および持続的な伝達効率減弱である**長期抑圧**がある（図16）。長期増強および長期抑圧が起こる条件はシナプスによって異なるが、長期増強はシナプスの高頻度使用等で引き起こされ、一方で長期抑圧はあまり使用されなかったシナプス、またはシナプス前部で活性化が起こってもシナプス後部ニューロンで活動電位が発生しなかった場合等で引き起こされる。

動物は様々な学習をするが、学習機構として強化学習・教師あり学習・自己組織化の三種類が知られており、各々の成立にはシナプス可塑性が関与する。強化学習は複数の選択肢から特定の行動を選択することに、教師あり学習はたとえば円滑な運動パターンの獲得に、そして自己組織化は成長期の視覚情報処理過程の成熟等に寄与するが、以下で各学習機構について説明を加える。

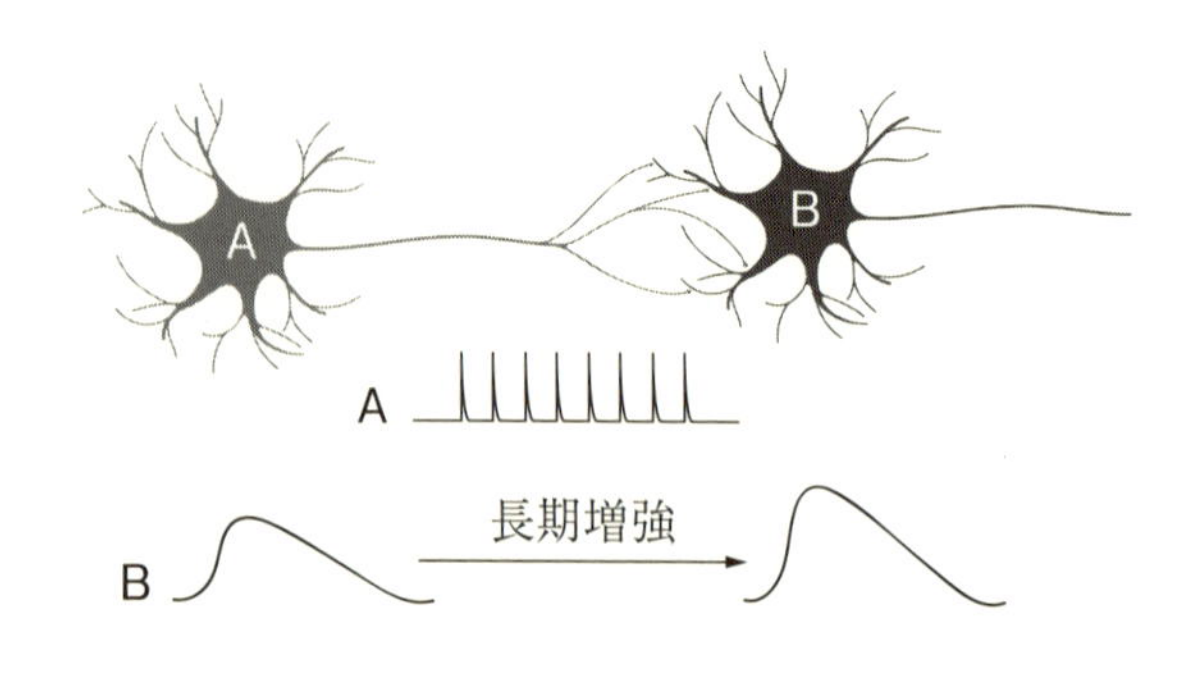

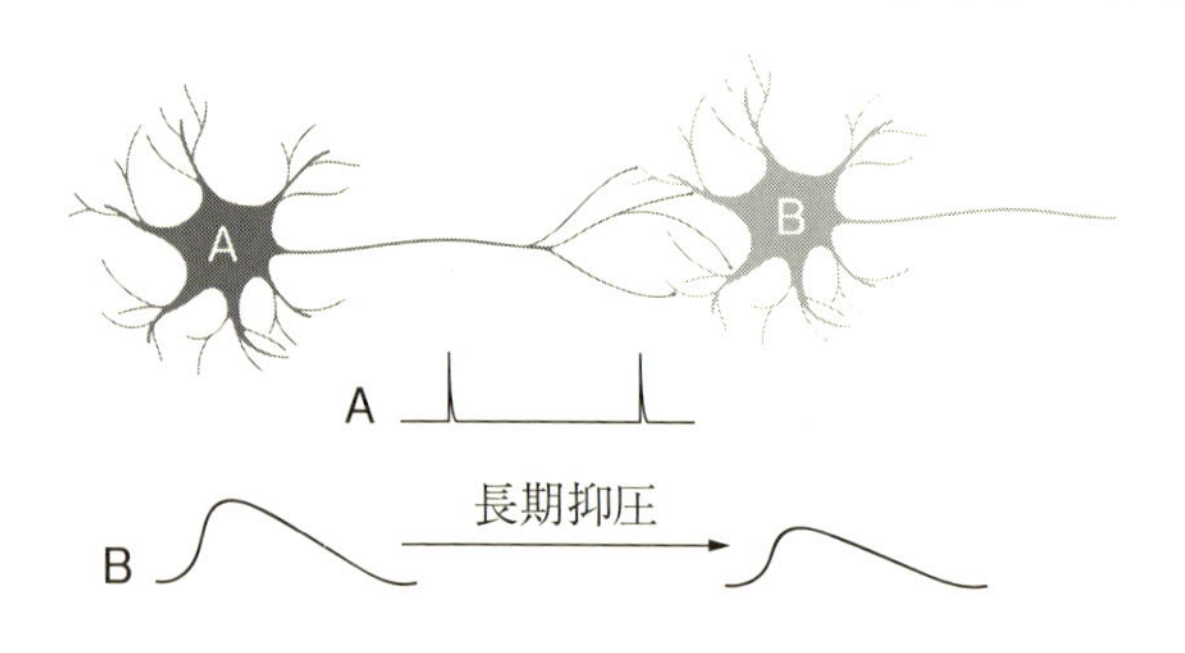

図16●長期増強と長期抑圧。多くの脳内シナプスは、シナプスあるいはニューロン活動依存性の伝達効率の持続的変化を示し、そうした現象はシナプス可塑性と呼ばれている。シナプス可塑性には、伝達効率が持続的に増強される長期増強と持続的に抑えられる長期抑圧がある。長期増強（上図）はシナプスの高頻度使用（A）等により引き起こされるシナプス後電位の増大（B）が持続する現象である。一方、長期抑圧（下図）はシナプスの低頻度使用（A）やシナプス前部が活動してもシナプス後部で活動電位が生じない状況等で引き起こされるシナプス後電位の持続的減弱（B）である。

脳内報酬系と強化学習

ヒトまたは動物には良いことが起こった時に活性化する脳内システムがあり、それは**脳内報酬系**と呼ばれる。報酬系の重要な要素として**ドーパミン**を放出するニューロン群の存在が知られており、その活性化は動物に快感をもたらすらしい。前述した快楽中枢の位置は、ドーパミン放出ニューロンの局在部位と一致している。**麻薬**は主にこの脳の報酬系に作用をする。コカインはニューロンから放出されたドーパミンの細胞内への取り込みを阻害することによって、大脳基底核の一部である側坐核と呼ばれる領域のニューロンへのドーパミンの作用を持続させることにより、強い高揚感を引き起こすようだ。報酬系は、動物にとってメリットがあった時に活動することによって、動物に**快感・高揚感**を与え、利得の獲得につながった行動を選択させるはたらきをしていると考えられる。そして麻薬は動物の積極的な行動なしに快感・高揚感を与える薬物と見なせるが、しだいに麻薬がない状態を耐えがたいものにしてしまう。

動物に音を聞かせてからエサを与え、その時に脳内報酬系のドーパミンを放出するニューロン活動を記録した実験によると、一部のニューロンは、当初は動物がエサを得た時に活動するが、しだいに音を聞いた時に活動するようになり、エサを得てもその時は活動しなくなる（図17）。音を聞いた時

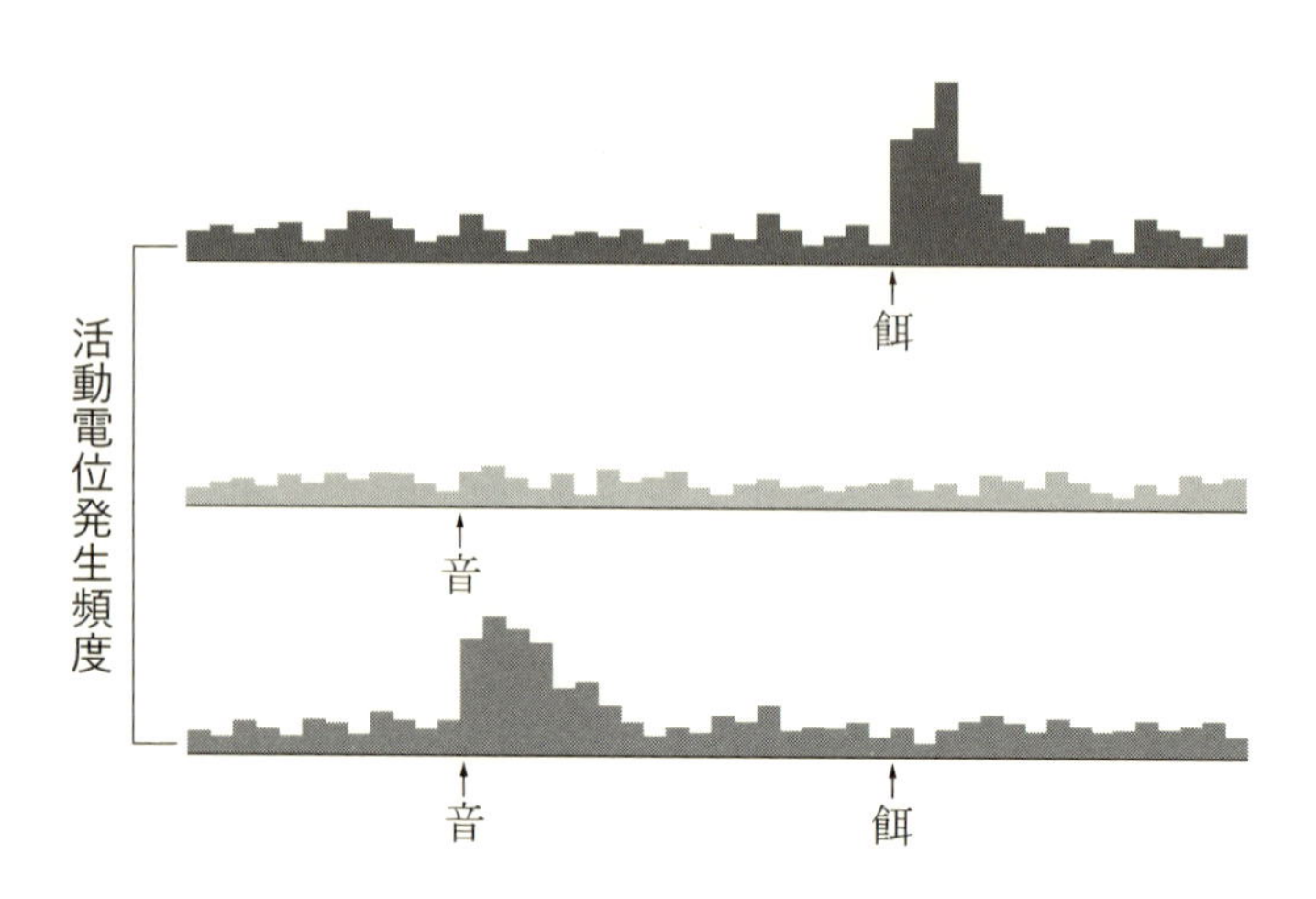

図17●報酬および報酬の予測に対するニューロン応答。脳内報酬系ではたらくドーパミン放出ニューロンはエサを得た時に活動電位の発生頻度を高くする。こうしたニューロンの一部は、通常は音を聞かせても応答しないが、音を聞かせてからエサを与えることを繰り返すと、音を聞いた時に活動電位発生頻度が上昇して、エサを得ても活動電位の頻度が増加しなくなる（文献 19 より改変）。

の活動は利得が得られることを**予測**したときの応答と見なせる。この実験結果は、動物において飲食や性行為等即時的な利得が快感・**多幸感**・高揚感をもたらすだけでなく、将来的な利得の見込みも高揚感等をもたらすことに対応していると思われる。そして、こうした利得の見込みによる高揚感は、中長期的な利得のために、動物が一連の行動を選択する神経活動基盤になると考えられよう。皆さんも良い知らせを受けた時に大きな喜びを感じたが、その後に約束されていたことが実現した時には安心はしても、それほど大きな高揚感は感じなかったといった経験があるのではないかと思う。

脳内報酬系は動物に快感を与えることにより、その快感・高揚感につながると想定される行動の選択を促す。これは動物が経験により行動を変化させる学習の一タイプである。様々な行動を試み、その中で結果的に利得につながったと想定される行動をより頻繁にとるようになる学習は**強化学習**と呼ばれ、報酬系は強化学習を促す信号を送るしくみとみなせる。強い感情を伴った体験は記憶に残りやすく、ドーパミンはシナプス可塑性に影響を及ぼすことが知られている。

教師役のニューロンが存在する学習

前節で強化学習の説明をしたが、より一般的には、経験による行動変化または行動を選択するための基盤となる情報処理過程変化が学習であり、その状態の維持が記憶である。学習には上述した強化学習の他に**教師あり学習**というタイプもある。教師あり学習では、情報処理の結果を評価する教師役ニューロンが情報処理を行ったニューロンに信号を送ることにより、評価結果を良くするような変化が引き起こされる。教師あり学習の例として、小脳による**運動学習**が知られている。小脳では、運動がうまくいかなかった時に**エラー信号**と呼ばれる**誤差情報**が送られ、その誤差を最小化する形で学習が進み、円滑な運動が可能になると考えられてきた。

小脳の教師あり学習に対応するシナプス可塑性として、小脳型の**長期抑圧**という現象が知られている。小脳皮質には**プルキンエ細胞**と呼ばれる唯一の出力ニューロンがある（図18）。プルキンエ細胞は二種類の対照的な興奮性入力を受けている。一つの経路は多様な入力信号を伝える**平行線維**入力であり、もう一つの入力はエラー信号を伝える一本の**登上線維**入力である。平行線維入力により、プルキンエ細胞が出力して運動の制御が行われる。運動結果が望ましいものでなかった時には、登上線維が活性化してエラー信号を送り、良くない運動に寄与した平行線維入力を長期抑圧によって抑える。それにより、適切な情報を伝えた平行線維信号経路のみが生き残り、学習が進むと想定されている。ここでは、登上線維がしかりつける役割を担う教師になっている。

教師あり学習と強化学習は似ていると思われるかもしれないが、両者は以下のように区別されてい

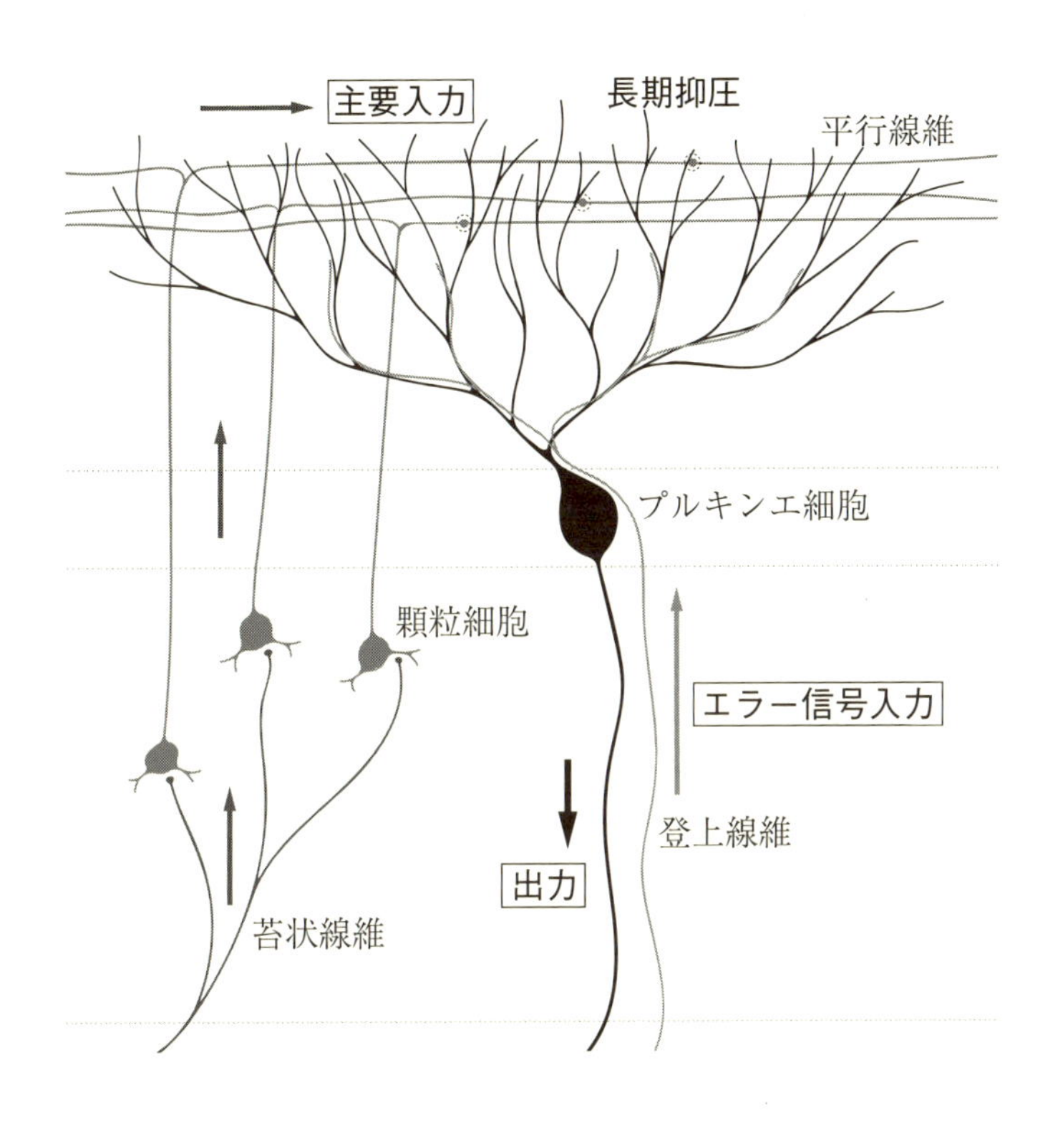

図18●小脳神経回路と長期抑圧。小脳皮質のプルキンエ細胞は多数の平行線維と一本の登上線維から興奮性シナプス入力を受けている。登上線維はエラー信号を送ることが知られていて、平行線維シナプス活動後に登上線維が活動すると、その平行線維シナプスの伝達効率が低下する長期抑圧が起こる。この長期抑圧は、良くない結果に関与した平行線維とプルキンエ細胞間のシナプス伝達を抑えるようにはたらくと考えることができ、長期抑圧は運動学習に寄与するとされている。

る。教師あり学習では、どのような動作をすべきかについて教師役ニューロンが情報処理を行っているニューロンに指示情報を送る。一方強化学習では、情報処理をする各ニューロンに動作を指示する信号を与えないが、動作の結果の良否は情報処理神経回路全体に報酬または罰として与えられる。

シナプスの可塑的変化および体験・行動時の神経細胞活動変化は、様々な時間スケールで維持され、短・中・長期の記憶に対応すると考えられる。動物は様々な型の学習を行い、様々な時間スケールで記憶を維持するが、それらの基盤現象として各種のシナプス可塑性が重要な役割を担っている。

column

コラム03 運動学習の実験モデル

運動学習能力を評価するための実験モデルとしてしばしば用いられるのが、反射性眼球運動と呼ばれる現象である。これは運動中に頭部が回転した際の視野のブレを補正する眼球の動きであり、状況に応じて適応的に変化することから、小脳依存性の運動学習能力を評価する指標としてよく利用されてきた。

反射性眼球運動には、視機性眼球運動と前庭動眼反射がある。視機性眼球運動は、動物の周囲の景色が動いた時に、外界の動きを視覚で検知してその動きに追従するように眼球を動かすという、視覚入力に依存した反射運動である。一方、前庭動眼反射は、動物自身の頭部が動いたときに、その回転を内耳の三半規管が検知して頭部回転と逆方向に眼球を動かすという、前庭入力に依存した反射である。視覚情報処理にはより時間がかかること、および三半規管は速い頭部回転により強く応答することから、前庭動眼反射は速い応答に、視機性眼球運動は比較的ゆっくりした応答に寄与する。この点は、読者自身が簡単に確認できる。首を動かしながらこの本を読んでみて欲しい。ある程度の速さで頭部が回転しても、読むことができると思う。これは、前庭動眼反射により、頭部回転と逆方向に眼球が回転して網膜上での画像のブレが抑えられるためである。電車の中で立ち読みが可能なのは、前庭動眼反射が適切にはたらいているからである。次に、本を左右に動かしながら読んでみて欲しい。今回は、読むのが困難になっていると思う。視野の動きを追う視機性眼球運動は高速では十分はたら

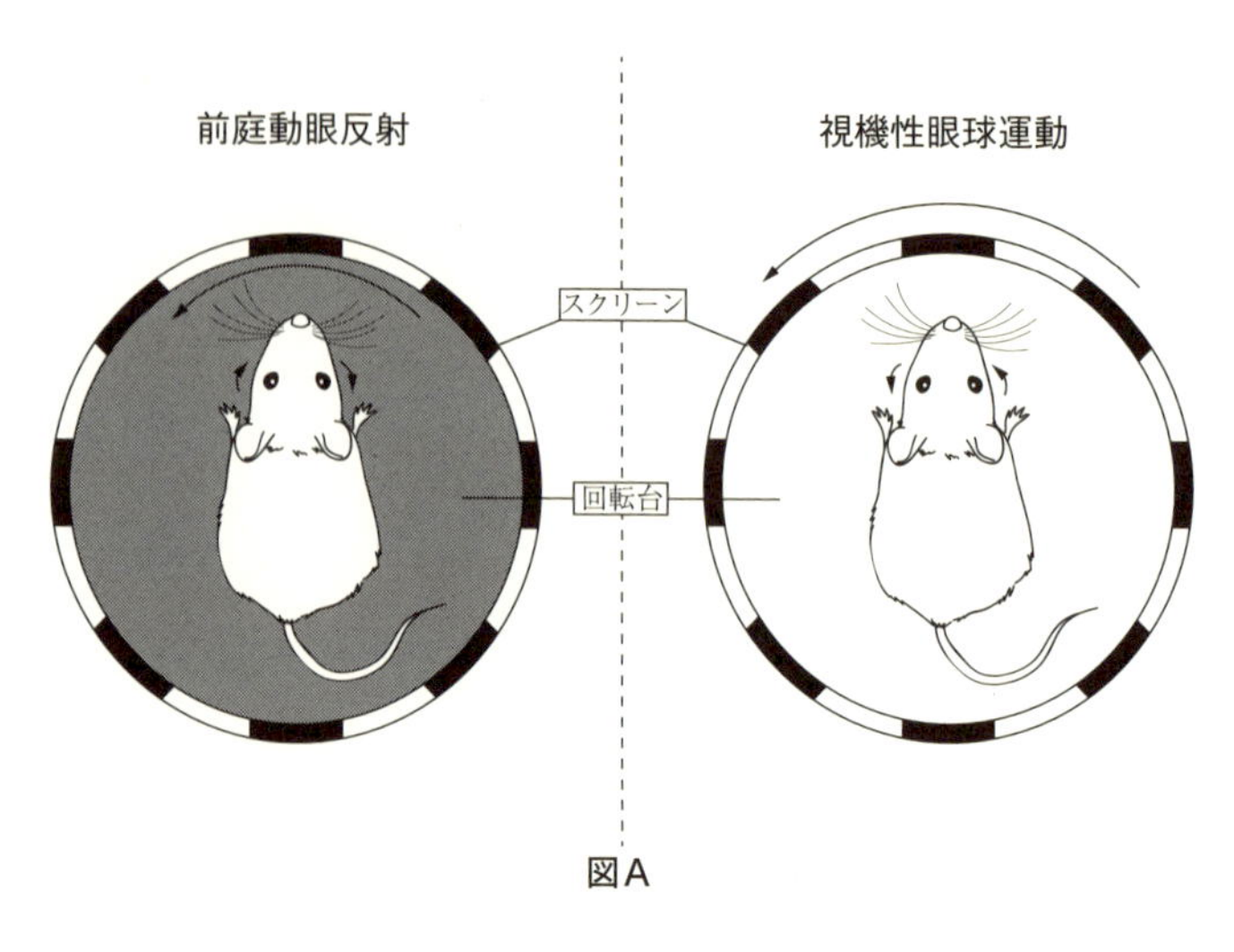

図A

かない。これらの反射性眼球運動は、いずれの脊椎動物でも見られる基本的な反応である。

実験的には、視機性眼球運動は動物を取り囲んだ縦縞模様のスクリーンを正弦波状に回転すること等により引き起こせ、前庭動眼反射は動物を載せた回転台を回転すること等により引き起こせる（図A参照）。なお、この刺激を明所で行うと、視覚入力も入って視機性眼球運動も眼球運動に寄与するため、前庭動眼反射に限定した評価をする際には、動物の回転は暗所で行う。そして、これらの反射の効率は、刺激回転の大きさに対する眼球回転の大きさ（ゲイン）および刺激回転に対する眼球回転のタイミング（位相）で定量的に評価できる。左右方向の刺激と眼球運動に限定すれば、視機性眼球運動と前庭動眼反射は一次元的な運動になるため、運動の評価が単純になる。また、これらの運動学習を制御す

視機性眼球運動と前庭動眼反射を制御する神経回路

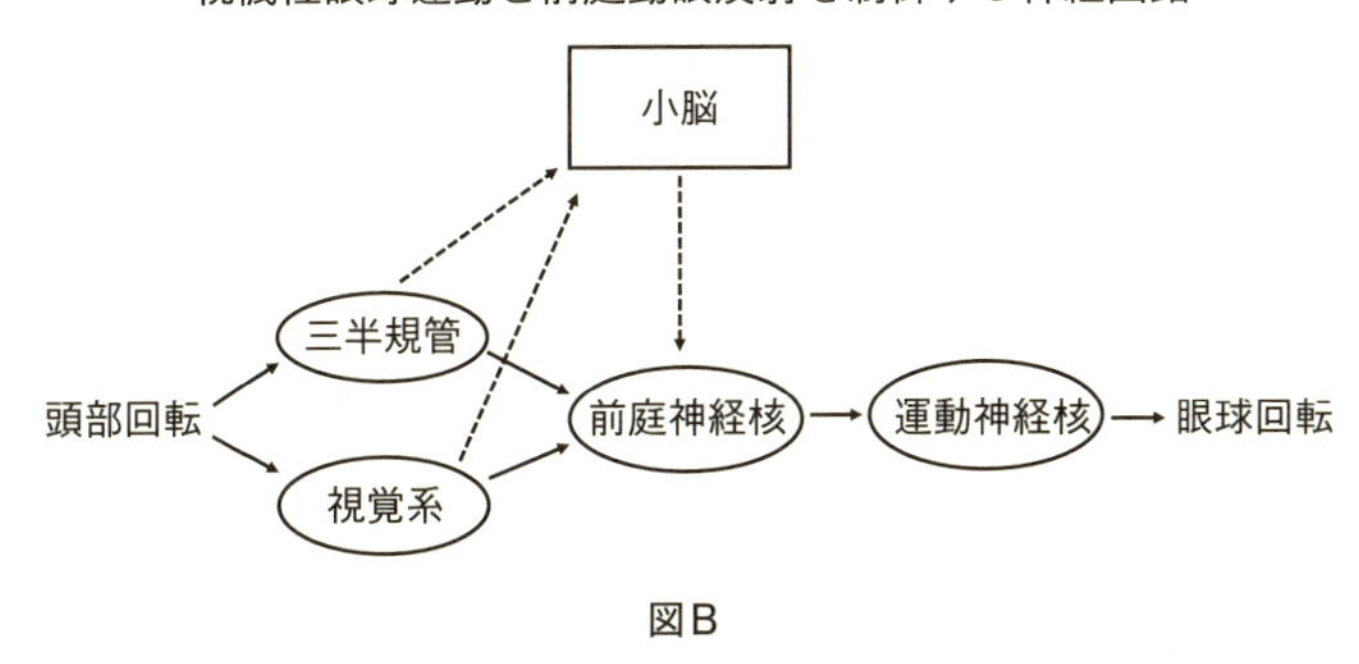

図B

る神経回路は比較的単純である（図B参照）。

　また、視機性眼球運動と前庭動眼反射は、状況に応じて眼球運動が適応的に変化するが、それらは小脳に依存している。小脳は反射制御副経路を形成して、反射の大きさとタイミングを調整している。こうしたことから、これら反射の適応現象は、小脳依存性の運動学習モデルとしてよく利用されており、小脳の機能失調（長期抑圧不全等）の運動学習への影響を検討する際に用いられてきた（文献24、25）。視機性眼球運動は、外部スクリーンの動きがある程度速い場合には動きについていけないが、同じ動きを続けると眼球の動きが良くなる適応を示す。一方、前庭動眼反射の適応は、明所で動物（頭部）回転と同時にスクリーン回転を与えることで引き起こせる。両者を同方向に回転した場合は、眼球を動かさない方が視野はぶれなくなるので、この刺激を続けると前庭動眼反射は次第に小さくなる。逆方向の回転を組み合わせた場合は、前庭動眼反射が次第に大きくなる適応を示す(図C参照)。

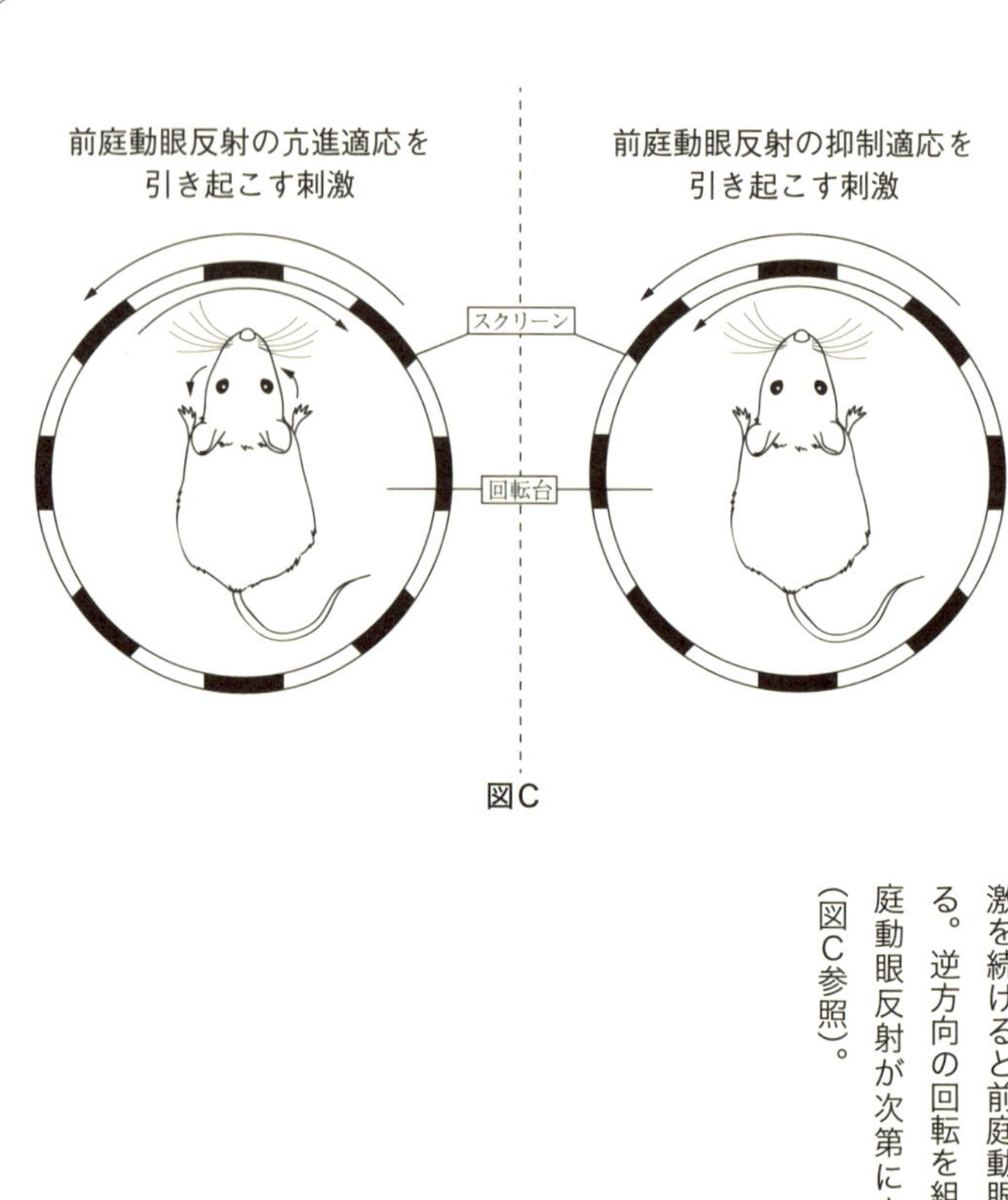

図C

生まれと育ち、経験による脳のプログラムの書き換え

外界からの刺激に応じて適切な行動選択を行う脳・神経系はどのように形成されるのであろうか。この点については、遺伝的に決定される過程と、動物が育つ時の外部からの刺激または経験に依存した過程の両者が関与することがわかっている。

たとえば、網膜の神経細胞が視床へ軸索を伸ばす過程は、**遺伝的要因**により定まっている。また、鳥類では生まれて初めて見た動く物体を母親と思って行動するようになる**刷り込み**という現象が知られている。卵から孵った雛が生まれてすぐに人を見ると、その雛はその後ずっとその人を親と思っているような行動をする。この場合、鳥の雛が親を認識することにかかわる神経回路は遺伝的に決められていると考えられる。

一方で、大脳皮質のニューロンの各種の刺激に対する応答性は、**幼弱期**の体験によって変わる。ネコの大脳皮質**一次視覚野**の個々のニューロンは、特定の傾きをもった線に応答することが知られている。各々のニューロンは縦線・横線・斜線のいずれかに選択的に応答するのである。ところが、幼弱期のネコを縦線しか見えない環境で育てると、ほとんどの一次視覚野ニューロンが縦線に応答するようになり、横線に応答するニューロンはなくなる（図19）。こうしたネコは、横線を認知することが

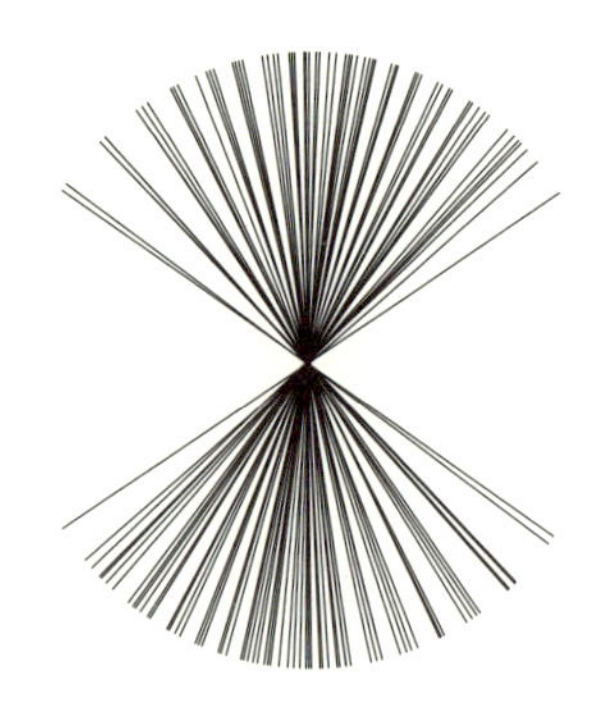

図19●縦縞環境で育ったネコのニューロン活動。ネコの一次視覚野のニューロンは特定の傾きを持った線に応答する。通常のネコはいずれの角度に対しても、それに選択的に応答するニューロンが存在する。一方で、幼弱期に上図のような縦縞環境で育てたネコの一次視覚野のニューロンがどのような傾きの線に良く応答するかを調べると、下図のように縦方向の線に応答するニューロンはあるが、横方向の線に応答するニューロンはなくなる。こうしたネコは横方向の知覚に障害があり、床の上に設置した横棒につまづいたりするという（文献20より改変）。

できないらしく、床上の横の障害棒につまずくという。また、一次視覚野のニューロンは、右目・左目・両目からのいずれかの入力に応答するが、幼弱期に左目の瞼を縫い付けると、成長後に瞼を開けても左目に応答するニューロンは少なくなる。こうしたネコでは、左目からの入力を伝える**軸索**が少なくなっている。

このように、神経回路形成において感覚入力が重要な役割を担う時期は幼弱期に限定され、この時期は**臨界期**と呼ばれる。臨界期の存在は視覚情報処理に限られない。言語習得等にも臨界期がある。どの人種であろうと、子供は育った国の言語を容易に使えるようになるが、多くの成人にとって外国語の習得はなかなか大変である。これは成人が言語習得の臨界期を過ぎてしまったためと考えられる。臨界期には、シナプス可塑性が起こりやすいことが知られている。

このように神経回路の形成には、遺伝的にプログラムされた過程と、外界からの刺激または入力に応じた神経回路の**自己組織化**過程が関与する。神経回路の自己組織化は入力に応じた神経機能調節であるが、情報処理過程が刺激依存的に持続的に変化する現象であり、学習の一タイプと見なせる。

一卵性双生児は遺伝的には同一であるが、生後の経験により異なった個性をもつに至る。育った環境の違いが大きいほど、両者の違いは大きくなろう。上述したように、神経回路形成にも外界からの感覚入力が必要なのだが、動物の様々な体験は記憶痕跡として神経回路内に蓄積され、そこでの情報伝達を変化させることにより、動物の行動パターンを変える。私たちは、経験により脳のプログラムを書き換えている。

4 最適な行動とは？

この節では、動物がどのようにして最適な行動をとるかについて、動物個体にとっての損得に注目して考察しようと思う。何が個体にとって最適かは難しい問題だが、脳はより良い行動を選ぶための様々なしくみを持っている。

何が脳内報酬をもたらすか？

そもそも何が動物にとってのメリットとなるのか、もう一度確認しておこう。第1章の冒頭で生命体の目的は、種の個体数の増殖・維持と記した。そして、そのために個体の生存や個体の遺伝子継承または集団の繁栄に貢献する行動がなされると説明した。動物にとって、自身の生命維持に必要な飲食、そして子孫の生産につながる性行動は重要であり、それらによって**脳内報酬系**が活性化されることはうなずける。また、それらの獲得に際して有利となる状況も脳内報酬をもたらすと考えられ、動物集団内での順位・地位向上も脳内報酬をもたらすことが理解できる。ヒトでは、社会での立場向上に資する財産・地位・役職・名誉等を得ること等が利得となり、脳内報酬系に作用するのだろう。

前述した働きアリ等は、自身は生殖能力を持たず、集団の繁栄に尽くしているように見える。こうした個体では、自身の遺伝子を残すことではなく、集団内での役割の遂行が行動選択に重要であると思われる。動物種あるいは個体によって何を最重要とするかは異なり、各々に対応して行動選択の脳内神経回路・機能プログラムも異なっている。ところで、アリなど昆虫にも脳内報酬系はあるのだろうか？　私はこの問いに直接答えられないが、昆虫の脳内にも哺乳類脳の報酬系ではたらく**ドーパミン**とその受容体が存在することは知られている。

またヒトも他の動物も**好奇心**を持っている。マウスは新しい物や新規個体により多くの注意を向けて**探索行動**をする。私たちは、何かがわかった時に喜びを感じる。外界を理解・把握することも、ヒト・動物で大きな脳内報酬を与えていると思われる。環境を理解することにより、動物はより適切な行動を選択することが可能になろう。知るまたはわかるということは重要であり、そのための好奇心が科学を進歩させてきたのであるが、好奇心と知識欲も動物の環境への**適応能力**を高めるしくみの一つとして進化してきたと考えられる。

外界と自身の状況の把握は、それらに基づく適切な判断を可能にする。先述した強化学習では、各行動に対して様々な時間幅で異なる利得を与えることができる。たとえば、提示された三つの物のうち、左のものを選択すると直ちに一〇円もらえて、右側を選ぶと一分後に一〇〇〇円もらえるとすると、右側を選ぶ方がより利得は大きく、右側を選択する時により大きな脳内報酬が提供されるだろう。ただし、こうした選択は状況に応じて変わる。たとえば、左の選択ではすぐに一〇円もらえることは変えず、真ん中を選ぶと一〇分後に一〇〇円もらえて、右側を選ぶと一時間後に一〇〇〇円もらえるとする(図20)。この場合、いずれを選ぶのが最も得であろうか? 最適解は、被験者の状況に応じて変わるはずだ。被験者が特に用事もなく、読書や音楽鑑賞で一時間待つことが苦でない場合は、右を選ぶのが良いであろう。一方、被験者が忙しくて次の用事が迫っている場合は、一時間待つことができず右を選べないかもしれない。またたとえば、のどが渇いているがお金を持っていない人が一〇〇円の飲み物を購入できる自動販売機の近くにいる状況では、一〇分後に一〇〇円を得る選択が最善と思われる。利得の大きさの判断は状況に依存する。

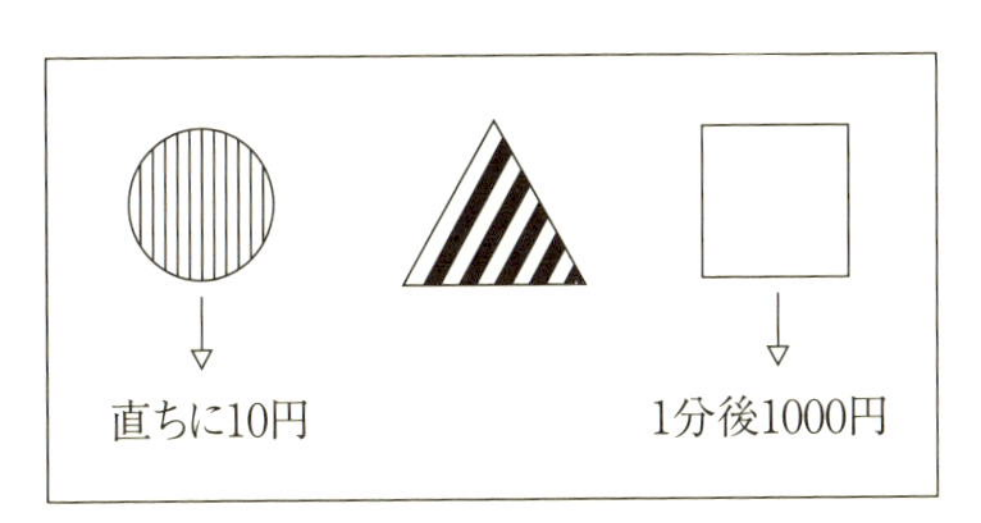

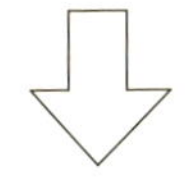

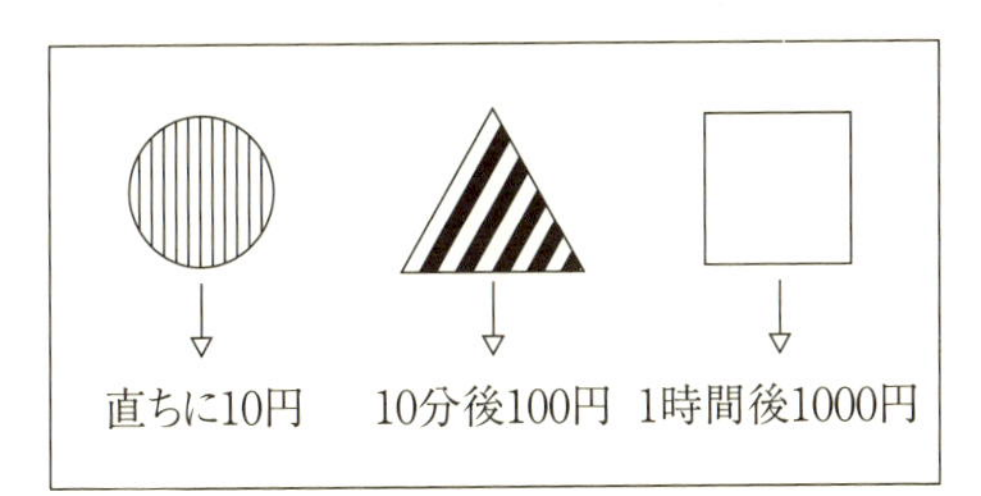

図20●期間を加味した利得の判断。直ちに10円もらうのと1分後に1000円もらうのではいずれが良いか？　また、直ちに10円もらうのと10分後に100円もらうのと1時間後に1000円もらうのではいずれが良いか？

恐怖・痛みと非常時の感覚遮断

動物に積極的な行動選択を促すしくみとして報酬系について説明してきたが、ここからは行動を忌避させる**恐怖・痛み**について論じよう。動物個体の生命を脅かす状況は恐怖感を与え、動物にそうした状況に追い込まれないような行動を促す。恐怖は、動物個体の生存を補助するために発達した感情であろう。また、痛みは動物に体の異常を知らせ、それへの対応を促すことにより、その個体の生存可能性を高めるための感覚とみなせよう。恐怖も痛みも強すぎれば、動物の対応行動を妨げてしまうが、それらが進化過程の自然選択下で生じてきたであろうことを考慮すれば、両者共に動物個体の生存能力を向上させるしくみとして発生したと考えるのが妥当だと思う。ところで、サルはヘビを恐れるが、ヘビに遭遇したことのない子ザルでも初めて見たヘビを恐れるという。どのような神経機構で恐怖の対象が生まれながら定まり、それが子孫に伝わるのかは興味深い問題である。

なお痛覚については、それを抑えるしくみも存在する。どのような時に痛みを感じなくなるか考えてみて欲しい。何かに夢中になった時に、ケガの痛みを意識しなくなった覚えがあるのではないだろうか？　同じケガでも、状況によって痛みの強さは大きく異なるという。たとえば、交通事故でのケガの痛みは、戦場でのケガよりも強く感じるそうだ。死に直面する戦場でのケガは、場合によっては戦場からの離脱に繋がることで死の恐怖からの解放をもたらし、そうした状況での痛みは軽減されるらしい。また、生命の危機が迫っている状況では、痛さに負けて行動しなければ、死を避けられまい。おそらくそういった事態への対応のために、痛覚経路の情報伝達を抑えるしくみが存在する。モルヒネは、痛覚情報伝達経路に作用して痛みを抑える作用をする薬であるが、脳内にはモルヒネ様の作用を示す内在性分子の**エンドルフィン**が存在する。

楽観と悲観

楽観的なヒトと**悲観**的なヒトがいるし、同じヒトでも楽観する時と悲観する時があろう。どちらかというと、危機的状況下でも小さな打開可能性にかけて行動する方が生き残る確率が高まることが多いような気がする。非常時の痛覚遮断はこうした行動選択を助けるしくみかもしれない。もちろん、危険や損害を受ける可能性に十分注意することは必要である。様々なリスクを事前に検討し、対策を立てておくことは重要だ。法律・契約・非常時対応マニュアル等には多様な事態への対応が明記されている。しかしながら、リスクをとる判断を行わないと、困難な状況の打開は難しいようなケースもあろう。そうした場合、ヒトは直近に迫った危機の回避を優先し、その先の悲観せざるを得ない未来に関する推測を先送りする傾向が強いのではないかと思う。そして、それが生き延びる確率を高めることに寄与する場合もあると思う。

サイコパス

ヒトの個性・性格および価値観は多様であり、同じ状況でも人によって判断や行動選択が異なる場合がある。他者に冷淡で共感せず自己中心的で、良心が欠如しており罪悪感ももたずに平気でうそをつくが、口は達者で表面的には魅力的といった特徴をもつ**サイコパス**と呼ばれる人の存在も知られている（文献15）。全人口の一％くらいがサイコパス的と言われているが、犯罪者でその確率は高くなる。サイコパスといっても様々な特徴があり、またその程度も大きくばらついている。サイコパス的な人でも反社会的な行動をしない者は多く、経営者、弁護士、外科医、政治家等の社会的に地位の高い人にサイコパス傾向の強い人が多いと言われている。

サイコパスの脳科学的な特徴として、恐怖にかかわる**扁桃体**の活動が低い、または扁桃体と前頭皮質の結びつきが弱いといった特徴があると報告されている。そのために、恐怖や不安を感じることが少なく、良くない結果になるかもしれない行動や、不安を感じてもおかしくない状況で冷静な判断を大胆に行えるようだ。恐怖心が少ないことにより、サイコパスは罰や集団からの疎外または攻撃を受けそうな悪行を行う可能性が高くなっていると推察される。一方で、冷静で大胆な行動は危機的状況の打開や変革期において大きな利得につながる可能性がある。ある人口比でサイコパスが存在するのは、後者のような事例があるからかもしれない。

不確実性の選択

行動選択の変更あるいはリスク許容に関して、ある遺伝子改変マウスを用いた興味深い研究報告がある（文献21）。脳内の**神経伝達物質受容体**の一部を欠損した遺伝子改変マウスは、一般的な学習能力が通常のマウスより高いが、**不確実性**の高い行動選択を避ける傾向が高く、状況の変化への対応が遅れるというのである。

実際の実験は複雑なので、ここでは近似的な思考実験で説明する（図21）。マウスにしばらく水を飲ませずのどが渇いた状態にして、二つのレバーがある実験容器に入れる。左のレバーを押すと三回に一回の確率で水を一滴もらえるように、また右のレバーを押すと一〇回に一回の確率で二滴の水をもらえるように設定する。この場合、左のレバーを押した方が、高い確率で水をもらえるし、また何

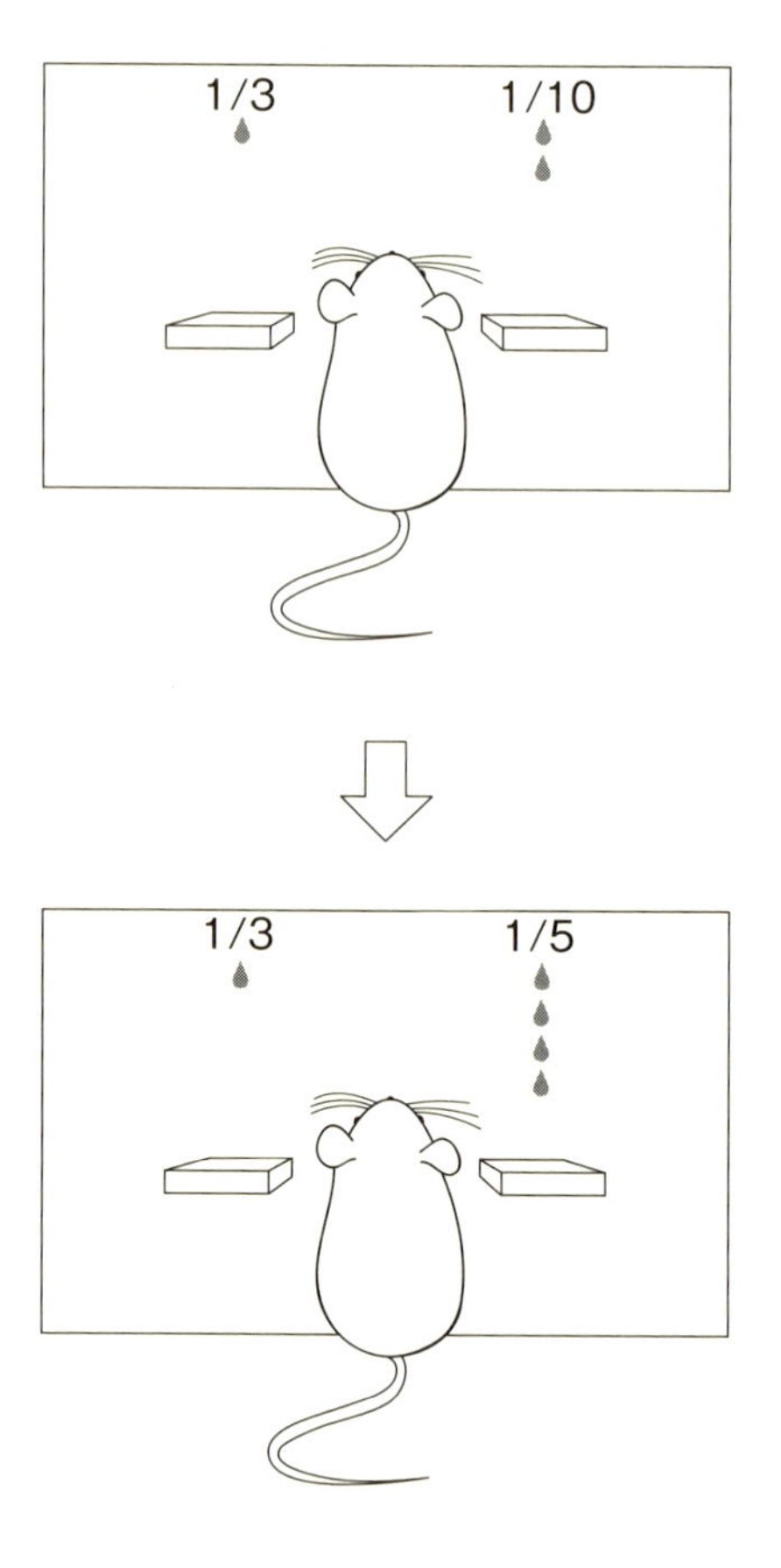

図21●不確実性の選択。左のレバーを押すと 3 回に 1 回の確率で水を 1 滴もらえ、右のレバーを押すと 10 回に 1 回の確率で 2 滴の水をもらえる場合は、ネズミはいずれを選択すべきか？　つぎに右のレバー押しで 5 回に 1 回の割合で 4 滴の水をもらえるようにする。その時はどうするのが良いか？

回もレバー押しを繰り返すと合計でより多くの水を得られるので、マウスは左レバーをより多く押すようになる。この状態をしばらく続けた後で、右のレバー押しで五回に一回の割合で四滴の水をもらえるようにする。この状況設定変更後は、右のレバー押しの方が有利になる。この学習能力が高い遺伝子改変マウスは普通のマウスよりも、行動パターンの切り替えが遅くなったという。

状況が変わった時に行動パターンをどれだけ早く最適化できるかは重要だが、リスクを伴う不確実な選択を恐れないことが適切な行動変化につながり、道が開けることもある。不確実性の高い選択にもメリットはあり、それを促すしくみが脳内にある。人でも行動や思考のパターンを変えられない秀才は、状況変化への適切な対応が難しいのかもしれない。もっとも不確実な選択志向が強すぎる人はかけ事にのめり込みやすくなってしまうのかもしれない。

ここまで、動物やヒトの脳のはたらきと行動選択について説明・考察してきたが、次章では状況と事柄によっては、ヒトの脳を凌駕する能力を発揮するＡＩについて、脳と比較しながら説明して、脳のより深い理解を目指すとともに、ＡＩ時代におけるヒトのありようについても考えてみたい。

第3章

脳と心と人工知能（ＡＩ）

1 人の脳が生んだ高性能情報処理装置

AIのしくみ

近年の人工知能（AI）の発達は著しく、図形認識課題ではネコを識別できるようになり、囲碁ではトッププロに勝つシステムも開発されて話題になった。その進歩を支えたのが、**ディープラーニング**をはじめとする**機械学習アルゴリズム**の進歩である。ディープラーニングは、多層になった情報処理ユニットからなる機械学習システムであり、脳のしくみをモデルとして開発された。

AIの基礎となる初期の神経回路モデルとして、単純型**パーセプトロン**が知られている（図22）。単純型パーセプトロンは入力層・中間層・出力層からなる三層構造で、各層にはニューロンに相当する素子があり、また入力層中間層間および中間層出力層間の素子は、シナプス伝達に似た形で情報を伝える。中間層素子は決まった複数の入力層素子から入力を受け、各出力層素子はすべての中間層素子から入力を受ける。入力層へ様々なパターンの入力を行うと、その情報は中間層を経由して出力層

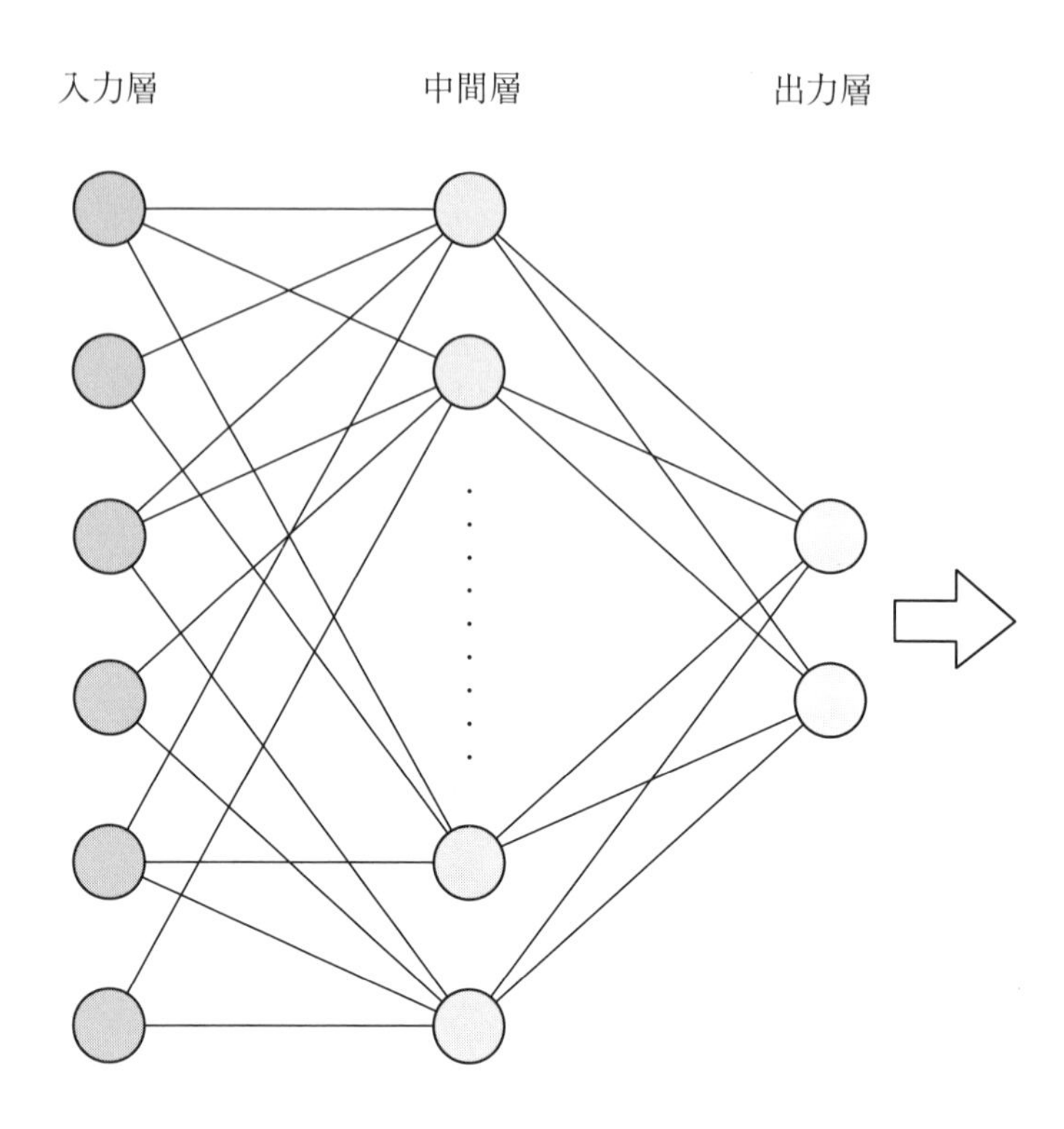

図22●単純型パーセプトロン。入力層・中間層・出力層からなる3層構造でできていて、各層にはニューロンに相当する素子があり、また入力層中間層間および中間層出力層間で情報伝達される。各中間層素子は一部の入力層素子群から入力を受け、各出力層素子はすべての中間層素子から入力を受ける。入力層へ様々なパターンの入力を行うと、その情報は中間層を経由して出力層へ送られる。ある出力層素子が望ましい入力パターンに応答した時はその出力層素子への中間層素子からの情報伝達の重みを大きくし、そうでなかった場合は重みを小さくすると、出力層素子は文字等特定のパターン入力に応答できるようになる。

へ送られる。そして、ある出力層素子が望ましい入力パターンに応答した場合は、その出力層素子への中間層素子からの情報伝達の重みを大きくし、そうでなかった場合は重みを小さくする。このしくみは**教師あり学習**に該当し、この単純型パーセプトロンにより文字の識別が可能になることが示された。ただし、この単純型パーセプトロンのパターン識別能力は限定的なものであった。

ディープラーニングではパーセプトロン的な層構造と情報伝達様式を用いるが、層の数を増やして多数の情報処理層間で情報を伝達させ、複数の層間伝達効率を変化させる。これは脳・神経系の情報伝達システムを模したものであり、中枢神経系での図形認知過程と似ている（図23）。こうしたAIの基本的なデザインは、ニューロンとシナプスからなる動物の脳内神経回路が基礎となっているが、より高性能なディープラーニングの実現には、情報処理層のデザインと、どのような形で情報伝達効率を変化させるかという**アルゴリズム**が重要である。なお、AIにおける実際の計算アルゴリズムには、動物の神経回路におけるシナプス可塑性および情報伝達の様式とはかなり異なるしくみも導入されている。それは、AIの目的が効率の良い人工的な情報処理だからである。

AIの機械学習アルゴリズムとしては、前述した**教師あり学習**の他に**自己組織化**型および**強化学習**型のいずれも使用可能である。様々な事例を多数回AIに提示して、特徴抽出するような作業は自己組織型の学習例となろう。囲碁は一九×一九の地点に石を交互に置き、黒または白石が囲んだ領地の

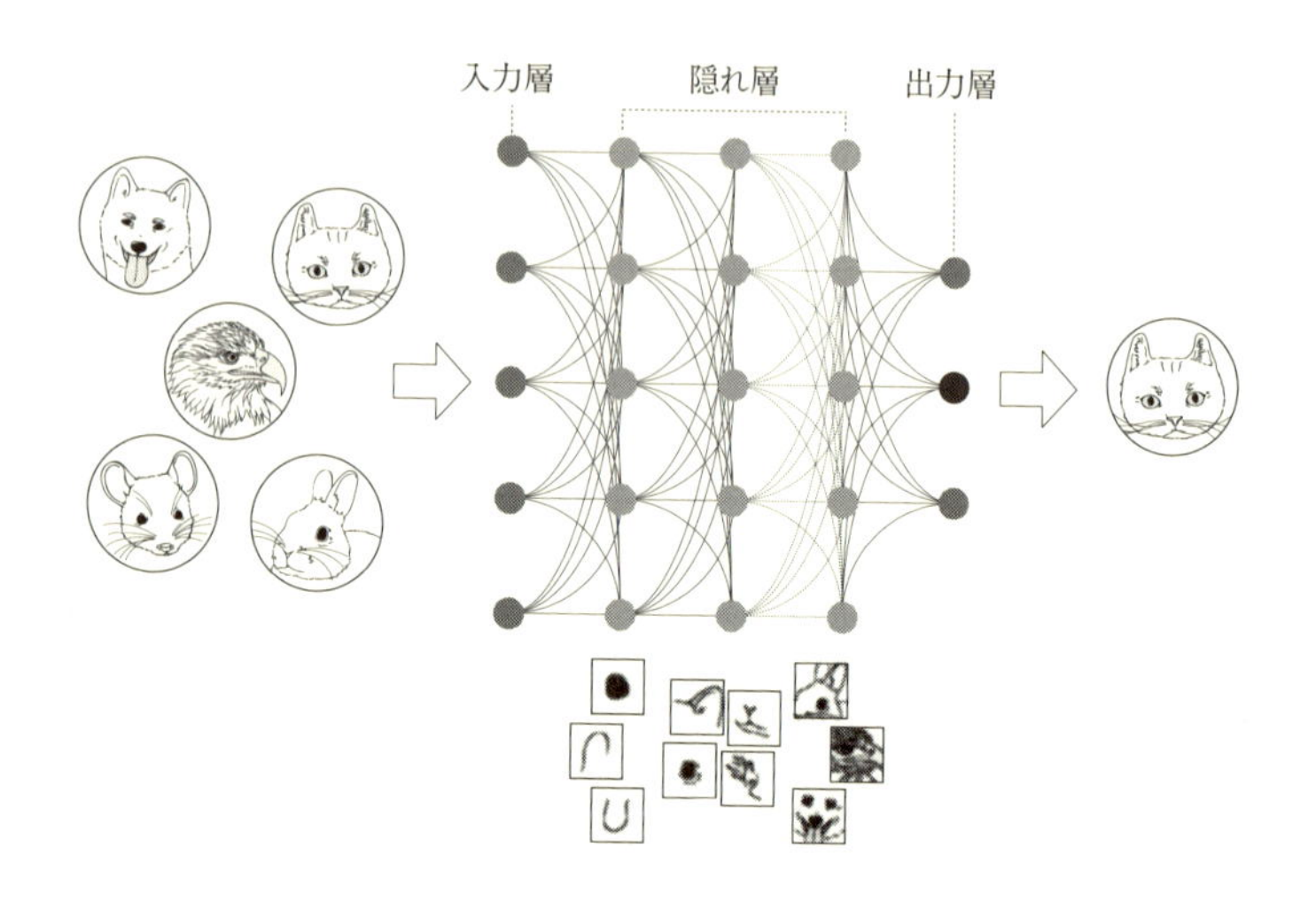

図23●デイープラーニング。パーセプトロン的な層構造の層数を増やして情報を伝達させて、その伝達効率をあるアルゴリズムにしたがって変化させると、ネコの画像等複雑なパターン入力に選択的に応答する出力素子が出現する（文献12より改変）。

大きさを競うゲームである。ゲームの序盤では選択肢が極めて多いために一手の価値の評価が難しく、以前の囲碁の対戦ソフトウェアはそれほど強くなかった。囲碁用のＡＩは、局面の評価に関する強化学習的なアルゴリズムと様々な局面の予測等を組み合わせて、一手の評価の精度を向上させてきたのではないかと思われ、その進歩はＡＩが複雑な状況の評価・判断もできることを示した。

ＡＩに各種の検査結果に基づき病気の診断をさせる試みもあり、一定の成果が挙がっている。またＡＩによって、様々な事象間の未知だった関係性等が明らかになった例も知られている。さらに、ＡＩに他種多様な質問に対する回答をさせる試みや会話をさせる試みもある。

column

コラム04

ディープラーニング（深層学習）と浅層学習

脳のしくみをモデルとして開発された機械学習アルゴリズムとしてディープラーニング（深層学習）を紹介したが、動物の脳では、ディープラーニングとは異なる型の学習戦略も採用されている。

ディープラーニングでは、情報処理を行う段階（層）の数を増やすことによって、高度な情報処理が可能になっており、こうした多段階の処理過程は、大脳皮質等を含む視覚系での形態認知過程と似ている。一方、小脳皮質の主たる神経回路は、入力を受ける顆粒細胞と出力を担当するプルキンエ細胞からなる浅層であるが、円滑な運動制御を可能にするなど高度な情報処理を行っている（コラム2、3参照）。それが可能なのは、顆粒細胞の数が圧倒的に多く、並列する情報処理ユニット数も極めて多いことによると考えられる。こうした浅層の情報処理戦略も動物の脳で採用されている理由の一つは、脳における神経細胞とシナプスを介した情報伝達がコンピューター内での電気信号伝達よりも圧倒的に時間がかかるためと推察される。高速が求められる運動制御等では、情報処理層の数を少なくすることが迅速化に有効だったためではないかと考えられる。そして、こうした小脳神経回路も優れた学習能力を示す。

特化型AIと汎用AI

先述したような状況を見ると、AIが漫画の主人公のアトムのように人格を持ったヒトと同様な存在になることが近未来に起こってもよさそうに思われるかもしれない。しかし、はたしてそのような時は来るのであろうか。

その問題を考える一つのポイントは、AIの目的は何かという点ではないかと思う。アトムを制御するような人工知能は**汎用AI**または**AGI**（Artificial General Intelligence）と呼ばれるが、そのようなものは現時点で存在しないし、まだ開発の目途もたっていない。ヒトは他種多様な状況を五感で感じ取り、言語や他者を理解し、複雑な状況においても判断を行っている。AIは囲碁や病気の診断等複雑な事柄においてヒトより正確な判断を下せることがあるが、それでもかなり限定された条件下での判断である。つまり、実用化されているAIはすべてある特定の目的のために開発された**特化型AI**である。以下で、高機能特化型AIの現状について説明を加えたい。

まず、AIによる自動車の**自動運転**について述べよう（文献13）。マスコミ等でも自動運転についての紹介が増えているが、どこまでのことができるのであろうか。自動運転には1から5までのレベルが設定されている。レベル1、2は人が周囲の状況判断を行う。レベル1は速度や走行車線の維持が自動車のシステムにより補助されるが、基本的に人が運転する。レベル2では、自動車が速度維持とハンドル制御を行うが、周囲の状況の把握や緊急時の対応は人が行う。レベル3以上は自動車のAIが周囲の状況把握も行うが、レベル3では緊急時の対応を人に頼る。レベル4では限定された環境下で人によるバックアップなしの完全な自動運転を行う。レベル5はあらゆる状況下での完全な自動運転である。現時点の自動車への実装はレベル2までであるが、最近レベル3の実験が公道で行われた。レベル5の実現までの道のりは長く、まだ数十年かかると言われている。そして興味深いことに、レベル3とレベル4では、レベル4の方が容易ではないかと言われている。レベル3の長時間運転では、緊急事態が発生した時に、眠ってしまっているかもしれない運転席の人に運転を交代できるかというということが大きな問題になる。一方、レベル4は運転する環境を限定すれば、一〇年以内に実現する可能性があるという。たとえば、歩行者等が侵入できない駐車場の入り口に自動車を止めれば、その後は駐車場に設置されたセンサーと自動車側の自動運転AIが交信して、空いたスペースへと自動車を誘導できるようなシステムは、比較的早く目途が立ちそうだという。しかし一般道では、道路上の歩行者・自転車・落下物・動物・他の自動車の想定外の動き等、安全な運転のために把握すべき事柄が多々あり、それらに適切な対応をとり続けることはなかなか難しいらしい。

汎用とも思える特化型AIとして、種々の問題に回答を提供する高機能AIシステムであるIBM

が開発したWatson（ワトソン）が知られている。ワトソンは米国のクイズ番組に出場しては、人の話し言葉を理解した上で適切に答え、出場者を打ち負かしてしまった。ワトソンは医療分野でも使用され、数千万件の論文情報等を検索して病気の診断を行い、新薬の開発に役立ちそうな分子の提示を行っている。ＩＢＭは、ワトソンを種々の問題に対して自律的な学習により答えを提供するコグニティブシステムと位置付けている。ワトソンは百科事典のデータベースを元から持っているようなシステムではなく、用途に応じて様々な情報を受け入れ、それをコンピューターが理解できる構造化された情報に変換した上で、適切な回答ができるように学習していく特化型ＡＩである。ワトソンは、コールセンターでのオペレーター補助や銀行での受付業務の補助、そしてメールへの返信文作成補助にも利用されている。さらに、メールの文面等から作成者の性格や作成時の気持ちを推測したりすることも可能になってきているようだ。ＡＩに性格や気持ちの判断まで配慮した対応をされると、ＡＩには心が宿ると思ってしまう。しかし、そもそも心とは何であろうか。次節でこの問題を検討したい。

2 AIと心

心とは何か？

「意識」という単語はいろいろな意味を持ち得るということを前述したが、「**心**」も人や状況によって違う意味合いを持つように思う。「心」の定義は何であろうか？　心理学に「**心の理論**」という概念がある。それは他者の立場に立って考えることができる能力のことである（図24）。たとえばA、B、Cの三者がいて、Aはある部屋の中でBとCの行動を観察しているとする。Bが本を持って部屋に入り、机の前に腰かけてその本を読みかけたところで、部屋の外で電話が鳴ったために本を机の上において退出した。次にCが入室して、机上にあった本を本棚へと移動して退出した。しばらくして、Bが再び入室した。AはBが机に向かい本を探すだろうと考える。この時Aは、Bは本が移されたことを知らないということを知っているからだ。このように他者の考え・行動を推察できることを「心の理論」をもっているという。「心の理論」による推察は三歳児では難しく、四歳児くらいから備わっ

図24●心の理論。A、B、C の三者がいて、A は B と C の行動を観察している。B が本を持って机の前に腰かけて本を読み始めるが、電話が鳴ったために本を机の上において退出する（1）。次に C が来て机上にあった本を本棚へと移動する（2、3）。その後 C が立ち去り B が戻ってくる（4）。この時に A は B が机に向かい本を探すだろうと考える。このように他者の考え・行動を推察できる能力を「心の理論」をもっているという。

てくると言われている。「心の理論」での「心」という言葉は、他者の立場・考えを理解することを指している。そうだとすると、前節でワトソンがヒトの気持ちまで推測できるということならば、ワトソンに心が宿ったと言えるかもしれない。皆さんはそれで納得できるであろうか？

「**心**」という言葉には、楽しいことを経験した時のワクワクした「感じ」とか森林浴で感じるすがすがしい「感じ」といった「感じ」(**クオリア**と呼ばれる)を持つ主体といった意味もある。こうした心・クオリアは内観によってのみ意識されるまったく個人的な事柄である。そのように考えると、厳密な意味では我々は決して他者の「感じ」・クオリアあるいは「心」は理解できないことになるのではなかろうか。私たちは、他者の状況・振る舞いを観察し、自らがそのような状況でどのように感じるかを考えて、他者の気持ち等を推察している。

自分と他者

ヒト以外の動物は、自分と他者をどのくらい明確に区別できているのだろうか？　動物の前に鏡を置いた場合、サルは鏡に映ったサルが自分であることを認識できるようだが、ネコは鏡に映った自分の像を威嚇したりするという。高次の意識により自分自身を明確に認識してその状況を把握できる能力により、他者を自身と同様な存在と認識して、他者の内的な状況を推測する精度が向上するように思う。前述した「心の理論」の「心」は、独立した他者の内的状況を推測できる存在と考えられる。

皆さんは、知覚・認知を行う自分自身の意識と心の存在や唯一性に疑いをもつことはほとんどないと思うが、そういった自意識に関して疑問を抱かせる例がある。それは、てんかんの治療のために左右の大脳皮質間での情報伝達にかかわる**脳梁**を切断した**左右分断脳**の患者に関する実験報告である（文献22）。脳梁を切断しても、左右の脳は完全に連絡を絶たれるわけではないが、両者の活動の独立性は高まる。右半身からの多くの感覚情報は左脳に、左半身からの感覚情報は右脳へ送られることが知られている。また、言語処理を行うのは主に左脳である。左右の脳は独立して感覚入力に対して判断を行えるが、左半身に関する右脳の情報処理については言語で報告できないとの報告がある。たとえば、いくつかの絵を被験者に見せて、別の絵に描かれている物と関係する絵を選ばせると、右視野に提示して左脳で情報処理される場合でも、左視野に提示した場合でも、正しい選択が行われる。ただし、右視野に提示した場合は何を選んだか選択理由を説明できるが、左視野提示で右脳に判断させた場合は、どの絵を選んだかを説明できないという。この場合、右脳には独立した意識・心が存在して、左脳にとって右脳は自分でなくなってしまうのだろうか？　実際には、左右の脳は脳梁以外のいくつかの経路で連絡しているので、両者は完全に独立にはならないが、左右の脳の連携不良が心や意識にどのような影響を及ぼすかは大変気になる。

また、ケガ等によって手足等を切断した患者が、切断してしまった部分のかゆみや痛みを感じることがあるという（文献16）。これは痛みを感じるのが脳であり、その部分のニューロンが活動したためと考えられる。この場合は、失った身体を自身の一部と知覚していることになる。何が自分なのかというのは、意外と難しい問いなのである。

AIは心を持つか？

高性能AIがヒトの気持ちを理解した上で、ヒトと同様な喜怒哀楽表現をするようになり、それがヒトと区別できなければ、AIには心が宿るということになるのだろうか？　会話対応AIを、相手の気持ちを推測してそれに応じて適切な発言をできるように学習させ、それをヒト型ロボットに実装して、感情表現できるように設計できる日が来るかもしれない。そして、そのロボットを人格と心を持つと判断する人が出てくる可能性がある。現在でも、犬型ロボットに感情移入する人はいるのだから。

ただ、気になる点はある。ヒトを含む生命体は、種として自然淘汰を生き残るという大きな目的があった。ヒトは脳・知性を発達させて、状況に応じた行動選択能力を向上させて、自然選択に勝ち残ってきた。現在のＡＩは、限定的な目的に対する情報処理システムとして使用されている。ＡＩの能力がさらに向上し、ＡＩにヒト型ロボットのようなハードウェアと**自己複製**機能を付与し、ＡＩの目的を自己増殖と自身の繁栄に設定すると、そのＡＩは高度ハードウェア付きの汎用ＡＩとなり、ヒトにより近い存在になるように思う。ただし、そうした汎用ＡＩの最優先目的を自己増殖と設定すると、ＳＦ映画のマトリックスやターミネーターで描かれたように、そのＡＩはヒトの存在をＡＩの繁栄を阻害する者と判断して、人類最強の敵になってしまいはしないだろうか。

それでは、ＡＩの目的を人類への福祉、または人類の繁栄の最適化と設定すれば、問題はないだろうか。実は、何が個人やある集団にとって最適かという問いは、後で議論するようにおそらく正解のない難問である。どの集団についてどのくらいの時間スケールの最適化を考慮するかによって、答えはいかようにもなるはずだ。また、ＡＩに相談相手を務めてもらう場合に、適切な回答が期待できるのは状況および回答の条件が限定される場合に限られるのではないだろうか。何が特定の個人にとって本当に良いかは、ほとんどの場合に単一の正答がないと思う。

人が喜ぶパターンや辛いと思っている時の行動パターンをＡＩに学ばせること、そして各々に対して適した行動選択をとらせることも、ＡＩに学習させることはできるかもしれない。ただし、様々な難しさがあると思う。対話対応に限定した状況下で、相談者の気持ちに寄り添い、相手の気持ちを好転させることを目的として設定したとして考えてみたい。その場合、相手にとってのメリットは短・中・長期のいずれで判断するのであろうか。短期ではない長期的なメリットを十分に判断できるだろうか。個々の人の優先順位や性格をどこまで把握できるだろうか。個体自身が老い死ぬ運命にある生命体であるヒトの心を、非生命体のＡＩはどこまで推測できるだろうか。ＡＩは、限定された条件下での判断材料を効率的に提供してもらう特化型システムとして利用すべきだと思う。

3 ＡＩ活用の必然性と懸念

様々な特化型ＡＩが種々の業務・事業の効率化・合理化に有用であり、それが企業等の業績向上につながることは間違いない。そして、企業間・国家間の競争がＡＩの開発と利用を促すことになり、ＡＩ活用は進んでいくだろう。

最近、ある航空会社が飛行機や各座席の価格設定等にＡＩシステムを導入したことにより、かなりの収益増があったという新聞記事を読んだ。我が国の第五期科学技術基本計画（答申）の概要では、

Society 5.0 の実現をめざすとされている。Society 5.0 とは、**ＩＣＴ（Information and Communication Technology）**を最大限に活用し、サイバー空間とフィジカル空間（現実世界）とを融合させた取組により、人々に豊かさをもたらす超スマート社会である。そして、**超スマート社会**は、必要なもの・サービスを必要な人に必要な時に必要なだけ提供し、社会の様々なニーズにきめ細かに対応でき、あらゆる人が質の高いサービスを受けられ、年齢、性別、地域、言語といった様々な違いを乗り越えて活き活きと快適に暮らすことのできる社会、とされている。超スマート社会の実現には、ＡＩ自体とその利用向上は必須と思われるが、それだけではおそらく超スマート社会は実現しないだろう。というか、私は超スマート社会の実現性を疑問に思っている。まず、人々には衣食住が十分提供され得る状況で、そして人々がそれを得られる富を持っていることが必要条件になる。Society 5.0 が実現可能な人口と人々への職・富の分配が適切に調整されることが求められるが、それは大変難しいことのように思われる。より疑問に思うのは、上述したようなSociety 5.0で、やりがいのある仕事が多くの人に十分提供され、自身の生きがいや存在感に満足できるだろうかという点である。

ヒトの情報処理能力は大変優れているが、情報処理素子であるニューロンの情報伝達スピードはコンピューターと比較すれば極めて遅く、また先述したようにヒトが実際に感知できる外界の情報は限定的であり、情報処理過程にも錯覚をもたらすしくみが内在している。そうしたことを考慮すると、様々な判断またはその根拠の提供をＡＩに依存することが増えていくと思う。

しかし、ＡＩ活用については留意すべき点が多々あり、ＡＩの判断を盲信することは危険である。ＡＩの設計やプログラムにはバグが存在するかもしれない。また、ＡＩで活用されるディープラーニングでは、出力がどのような過程を経て得られるのかはよくわからず、その過程はブラックボックスである。また、ＡＩシステムが外部のハッカーから攻撃を受けることもあろう。ハッカーによる攻撃がＡＩの暴走を引き起こす可能性も否定できまい。ＡＩ活用の推進にあたっては、十分なセーフティネットの構築が必要であり、ＡＩの能力の過信は禁物である。また、Society 5.0 においては、個人情報に関するビッグデータの活用が進むであろう。それは個々人の行動選択や活動を把握するかなりの管理社会をもたらすかもしれない。そして、もしかするとそうした管理社会はヒトの能力の劣化を引き起こしてしまうのではないかという懸念を持つのだが、それは私の取り越し苦労なのだろうか。

第4章

個体と社会の成功・繁栄戦略

1 社会とルール

高度な情報処理を可能にしたヒトの脳は、個体間のコミュニケーション能力を高めて、集団としての組織だった活動を促進し、多種との生存競争において圧倒的な優位性を確立した。人の集団である家族・各種のグループ・大学や会社等の組織・国家等で、集団としての繁栄を維持・発展させるために、様々な規範や法律などのルールが作られてきたと考えられる。しかしながら、個人と集団あるいは集団間で利害が一致しないことも多い。そうした利害の調整と行動や活動の選択について、神経科学者・生物学者・大学教員としての視点で考察する。

個体と集団の利益

生命体が種として**自然選択**下で生き残るためには、個体数の増殖・維持が必要と述べた。そして、個体が属するグループの繁栄のための行動を優先する働きアリを紹介した。また、自身の遺伝子の存続を優先する動物行動、個体のグループ内での地位向上も動物行動の目的になることを説明した。動物は、個体・血族・より大きな集団のいずれかの利益に繋がると思われる行動を選択するが、個体・種によっていずれを重視するかが異なっている。

現代の社会では、法による秩序維持がなされているが、法整備以前にも集団内には規範・ルールがあり、弱者へのいたわりといった配慮もなされていた。動物でも親ではない個体がグループ内の幼弱個体を守る行動が見られる。チンパンジーが血縁のない子の世話をする例を説明したが、マッコウクジラも集団で子育てをするという。こうした**弱者保護**やいたわりといった**利他行動**はどのようなメリットにより、進化してきたのであろうか?

集団として所属する各個体を大事にするまたは守る活動が、食物の獲得・子孫の育成・敵対者への対抗といった点で有効だったと思われる。集団として組織だった行動をすることが、個体にとっても得であることを各個体に認識させ、それが各個体の集団への貢献や帰属意識を向上させることにつながったのではないだろうか。組織化された集団での活動には、構成個体がグループへの貢献を優先した行動をとることが必要であるが、そうした集団への貢献行動あるいは利他的行動が脳内報酬をもたらすしくみが、進化の過程で発達してきた可能性が考えられる。もっとも人のことを考えてみると、他者への貢献によって得られる喜びや満足感は個人によってかなり違うような気がする。また、ルールを破った際の罰への恐怖が組織の規律に役立っている面もあろうし、ルールができた後では、各個体が感情とは無関係に反射的に行動をしている場合もあると考えられる。

利他的な行動により恩恵を受けた個体は、それを記憶に留めて他個体に尽くす行動選択の優先順位を上げるかもしれない。また、グループの規範により個体が守られ恩恵を受けていれば、それがグループへの**帰属意識**を向上させ、グループへの貢献行動の優先順位が上がると考えられる。利他的行動や良心的な行いも、集団が自然淘汰による絶滅を逃れて存続するための有効な手段として発達してきたのではなかろうか。そして、そうした集団への貢献行動は、善行としてグループ内で推奨されるようになってきたと考えられる。

善悪を超えて

動物の**利他行動**や**子殺し行動**の例を紹介し、子殺し行動は個体自らの遺伝子を残すための手段と説明した。私たちには利他行動は善行に、そして子殺しは残虐な悪行に思える。しかしながら、両者は共に各種の動物の本性に基づく合理的な行動とみなすこともできよう。**善悪**という概念はヒトがグループとして活動する際に、グループ全体の利得を大きくするために発達させてきた規範と考えられる。そして、善悪は絶対的なものではなく、各集団・時代によって異なる相対的なものであろう。重罪である殺人も、戦時には許容されてきたのであるから。

南米やアフリカなどの豊かな土地に住んでいる一部の先住民族は、少時間の労働で生活することが可能であり、子供を放置しても育つような生活を送っているそうだ。そして、そうした民族の社会では異性パートナー獲得等において大変競争的であり、良心的とは思えない**サイコパス**の特徴をもつ人の割合が多いという。一方で、食料が少なく生存が困難な環境に住む民族では、協力体制が不可欠であって、うそは厳しく禁じられるなど厳格な集団内ルールが適用されている。日本は自然災害の多い国で、そうした事態に人々が協力して対応することが有効だったために、協調性や集団のルールを大事にする傾向の強い社会になったような気がする。

社会や自然界でヒト・動物またはその集団の相互依存的な行動選択を考察する学問として、**ゲーム理論**が知られている。ゲーム理論では、ゲームのプレイヤーの戦略または行動選択を、それが他者の行動選択に依存する状況で検討する。判断基準は損得の大小であり、善悪は考慮しない。ゲーム理論は経済学に大きな影響を及ぼしてきたが、生物の進化もゲーム理論で扱われている。ゲーム理論では、損得の大小に基づく行動選択が他者の利得を配慮したものになるケースが出てくる。他者を利することが自らの利得に繋がる場合もある。

ゲーム理論で扱われた有名な題材として「**囚人のジレンマ**」が知られている。その設定は以下のようなものである。二人組の強盗犯が逮捕されたが、有罪を立証するに十分な証拠がないため、警官は自供を得たい。そこで警官は、囚人二人に以下のような提案をする。二人とも黙秘したら、二人とも懲役二年とする。一人だけ自供した場合は、自供者は釈放するが、黙秘したものは懲役一〇年とする。二人とも自供した場合は、二人とも懲役五年とする（図25）。なお、二人は別室に隔離されていて、話し合うことはできない。無茶苦茶な設定だが、ゲームと考えて欲しい。囚人の立場になった時に、どのような選択をするのが良いであろうか。

二人が仲良くお互いが相手の利益も考慮すれば、二人とも黙秘すれば二人合計の懲役は四年と最少になるので、最良の選択かもしれない。しかし、二人とも相手のことをよく知らず、相手がどうするか判断できないとする。まず、相手が黙秘するとしてみよう。その場合、自分も黙秘すれば自身は懲役二年になるが、自供してしまえば釈放されるので、自供する方が得である。次に相手が自供すると考える。その場合は、黙秘すれば自身は懲役一〇年になってしまうが、自供すれば懲役五年になるので、この場合も自供する方が得になる。したがって自身の利得だけを考えると、自供すべきだということになる。しかし、相手も同じように考えると、相手も自供することになり、その場合は二人とも懲役五年となり、二人が黙秘した場合の懲役二年よりも損してしまうことになる。このケースでは、相手の損得をお互いに配慮するか、話し合いによる調整ができれば、よりましな選択ができたであろ

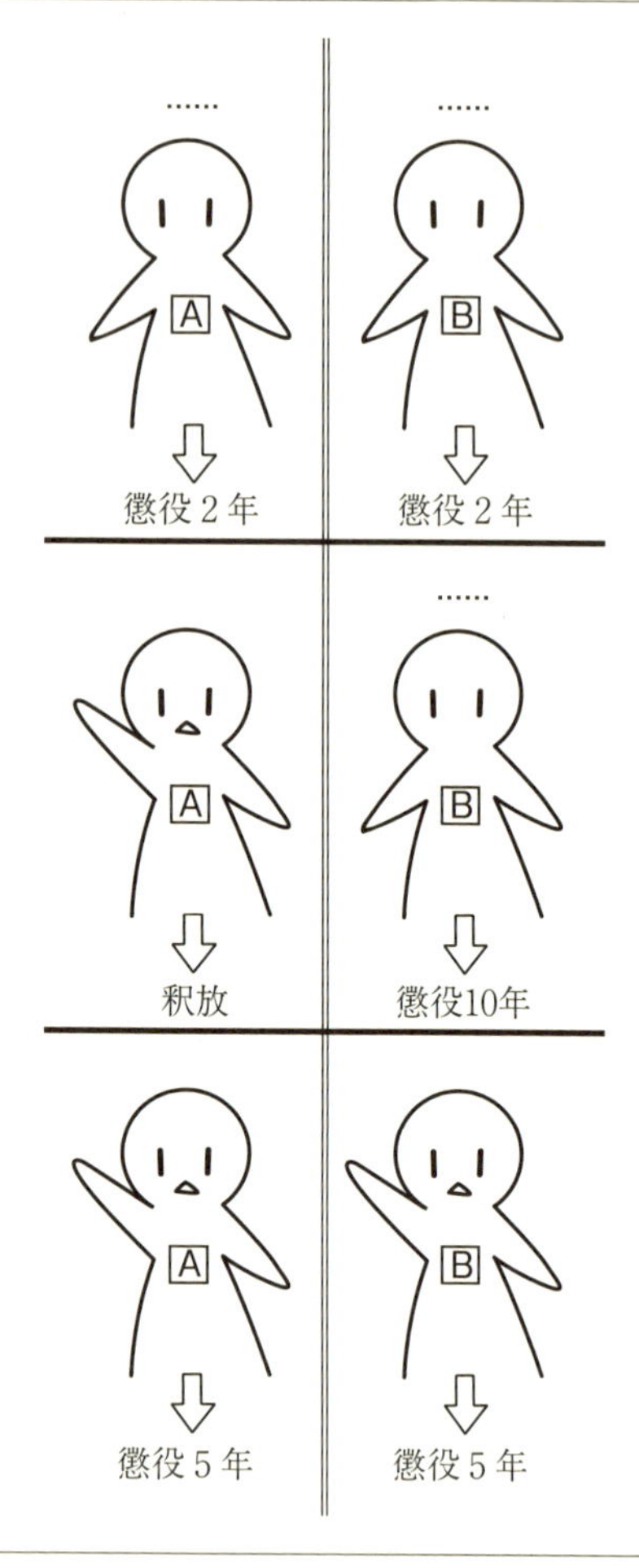

図25●囚人のジレンマ。二人組の囚人各々に以下のような提案をする。二人とも黙秘したら、二人とも懲役２年とする（上段）。一人だけ自供した場合は、自供者は釈放するが黙秘した者は懲役10年とする（中段）。二人とも自供した場合は、二人とも懲役５年とする（下段）。囚人は、どのような選択をするのが良いであろうか？

う。

多くのプレイヤーの行動選択が相互依存する社会での適切な行動選択はなかなか難しい。ヒトはしばしば純粋に利他的な行動もし、それは善と見なされる。前述したように、利他的行動や善の概念の成立も、ヒトが社会を形成して集団として生き抜いてきた過程で、自然選択下での集団の長期的メリットのために形成されてきたのではないかと思う。

2 社会における利害判断のむずかしさ

多くの個人・集団の利害・損得が両立しがたい現代のヒト社会における最適な行動選択は難しい。この節ではどのような問題が最適な行動選択を困難にしているのかを整理して、その上で筆者が勤務する大学を例にして、組織化された集団での活動・業務選択について具体的に論じようと思う。

各階層で出現する法則

自然界には様々な**階層**がある。動物またはヒトの個体を中心に考えると、より下位または小さな単位の階層として、器官、組織、細胞、細胞小器官、分子複合体、分子、原子、素粒子があり、上位の階層には、家族、職場・学校・地域社会等、国、人類、生物集団、地球、太陽系、銀河、宇宙がある。上位階層の特性は、それを構成する下位階層の構成ユニットの性質とユニット間の相互作用により定まると思われるかもしれない。しかしながら、実際には下位階層の構成ユニット間の複雑な相互作用により、下位ユニットに関するルールから上位ユニットの特性を正確に予見することは困難で、上位層では独自の法則が出現するように見えることが多い。

素粒子や原子の特性から現代社会の未来予測をしようとするのが無謀であることは言うまでもないが、そこまで多階層のギャップがなくても、下位ユニット集団の特性から上位層の振る舞いを予測することは難しい。たとえば、細胞は細胞外からの刺激に応じて、成長・分化・分裂・細胞死等様々な応答をする。そうした細胞応答には、細胞膜上の受容体とその下流にある多くの細胞内情報伝達分子がかかわる。この**細胞内情報伝達系**は複雑であり、いくつかの入力の下流の経路が収束したり、情報伝達にかかわる分子が多種の分子に影響を与えたりする（図26）。また、細胞内情報伝達系には正負

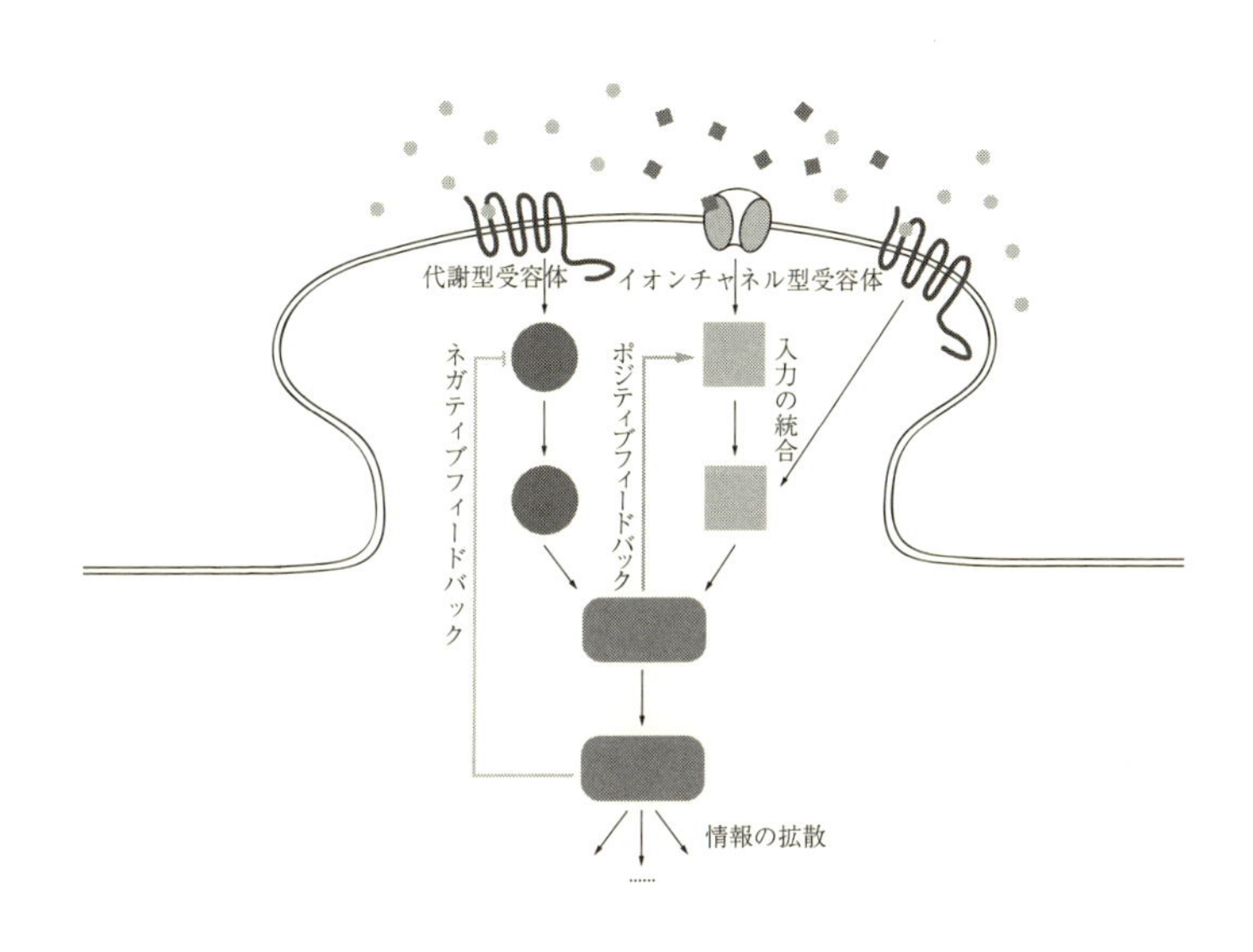

図26●細胞内情報伝達系。細胞外からの化学信号は細胞膜上の受容体で検出されて、細胞内分子情報伝達系で処理される。細胞内情報伝達系では、２経路からの入力情報の統合や情報の拡散が起こる。また、情報伝達を再帰的に亢進するポジテイブフィードバック経路や再帰的に抑制するネガテイブフィードバック経路も存在する。こうした情報伝達・処理・統合のしくみは脳の神経回路にも存在している。

のフィードバックシステムが存在し、それらによって細胞応答は、刺激の大きさに応じて比例した応答をするのではなく、ある程度の入力まではまったく反応せずに、入力がある大きさになると突然反応が起こったりする。細胞はしばしばこうした**非線形応答**をする。ニューロンの軸索での活動電位応答もそうした一例であり、興奮性の入力の和による脱分極がある値を超えると一定の大きさの**活動電位**が発生するが、それ以下では活動電位様現象はまったく起こらない。

動物やヒトの行動でも、こうした非線形応答がしばしば起こる。たとえば、動物が敵に追われたとき、逃げるか戦うかの選択になるが、両者はまったく逆の応答である。ヒトの社会の多様かつ複雑なしくみやルールの発達も、個別のヒトの特性や集団の振る舞いから予測することは難しい。善悪や**正義**等もヒトの社会という階層で誕生した概念と考えられる。

利害判断をする集団のレベルと利害判断で想定する期間

ヒトを含む動物が、個体が所属する集団またはグループに貢献する行動を選択する進化的な意味づけについて考察してきたが、こうした集団・グループは現代社会において何に相当するのであろうか？　私たちは、家族、クラブ、同好会、地域、会社または学校、国に属し、人類の一員である。私たちはそのいずれに対し強い帰属意識を持ち、またいずれへの貢献を優先するのであろうか？　回答は個人、その時の立場・状況により大きく異なったものになることは容易に推測できる。心情的には身近なグループへの帰属意識が強く、そのための行動を選択することが多い気がする。グループへの寄与が進化過程の**自然選択**を反映していると思えば、比較的身近なグループへの貢献が重視されることはうなずける。

しかしながら、交通・通信手段が発達し、世界の様々な事柄に関するニュースが短期間に提供されるようになった現代社会では、より大きな単位での利害の調整が必要になっている。困ったことに小集団とその上のより大きな集団の利害、また集団間の利害は必ずしも一致しない。どの集団のメリットを考えるかで、行動選択は異なるものになる。

各個人・集団のメリットを考えるにしても、どのくらいの期間で考えるかによっても答えは変わってくる。また状況次第でどのくらいの期間を重視して考えるべきかが異なる。歩いていて障害物があれば、避ける行動をとる。これは障害をさける即時的行動である。大雨で避難勧告が出れば、本当に必要な物のみをもって直ちに避難すべきで、その際に多くの物を持って行くことはあきらめざるをえない。これは、短期的な生存確保のために中長期の損を覚悟する行動である。苦手な科目の勉強や厳しい訓練も、先々のメリットを考えればこそ耐えられるのである。これは、**中長期的な利益**のために短期的な欲求を抑える行動である。こうした行動選択の基盤として、様々な時間スケールでの強化学習による利益の最大化が考えられる。しかしながら、そうしたしくみがうまく機能しない場合もある。

政治的な判断も何年の単位で考えるかによって異なるものになる。赤字国債の発行も、当面の財政運営上不可欠かもしれないが、長期的には大きな後年負担をもたらす可能性が大きい。その場しのぎの対応を繰り返せば、後に大きな不利益が生じる場合は多かろう。一方で、当面のやりくりがつかないと、個人またはグループが破綻してしまうかもしれない。どのくらいの時間スパンの利害を優先すべきかの判断は、難しい問題のことが多い。

組織運営

私は二〇一九年二月現在、京都大学理学研究科生物科学専攻生物物理学系内の神経生物学研究室の教授であり、理学研究科長と理学部長を務めており、京都大学の評議員でもある。つまり、一研究教育者であり、一研究室の主催者であり、生物科学専攻の教員であるとともに研究科の代表者であり、大学運営に関しても意見表明すべき立場にある。様々な大学内の案件について、どの立場に立つか、またどのグループの利害を優先するかによって回答が変わるというジレンマに悩まされる時がある。

また、直近のメリットを考えるか、何年か先のメリットを考えるかによっても答えは異なる。

現在は、私が代表としての立場にある研究科または学部のメリットを最優先に考えることにしているが、それによってより大きな大学組織や国に不利益を与えたくないし、またより小さなグループにも不利益が生じないよう努めたいと考えて最適解を模索し続けている。また、短期的な利点や視点にとらわれすぎて、長期的な大問題が生じないようにも注意を払っている。様々な集団間の様々な時間スケールでの利害調整を、先行きが不確かな状況で考えるのは難しい。

今後、様々な情報整理にＡＩを利用していくことがより効果的になり、その利用が拡大していくことは間違いない。しかし、ＡＩが判断を示す時に、どのような情報に基づき、いかなる前提条件と判断基準で、結果を提示したのかをきちんと認識することは不可欠である。どの集団についてどのくらいの時間スパンのメリットを重視しているのかには特に留意する必要がある。ＡＩは限定された状況下ではたらいて、場合によっては重要な情報をまったく計算に入れていない可能性があることを忘れてはならない。私たちはそうした状況を十分理解した上で、様々な情報を取り入れた総合的な判断を下せる人を育てるとともに、社会のしくみを育成・成熟させていくべきだと考える。

大学について

研究科長および学部長である私は、大学をめぐる報道を気にかけており、大学改革に関する政財界やマスコミ等からのコメントに留意している。国立大学法人や大学全体に対する問題提起・要望・要求に耳を傾け、多少なりと対応に貢献したいと考えているが、常勤の教職員定員と使用自由度の高い運営費の減少を考慮した時に、実施すべき業務等の優先順位を考えるのは難しい。特定の目的のための補助金や競争的経費で雇用した特定教職員の業務は、それらの経費の使用ルールによって限定されてしまう。

我が国の一八歳人口は最多期から半減し、今後も減少していく状況にある。また人や物の国家間移動が進み、またＡＩ等の発展により産業構造が変革期を迎えている。こうした状況下で、様々な立場の方々が大学のあり方に関心を持ち提言してくださることは、大学への期待の高さを示していると考えられ、大学人としてはありがたい。しかしながら、人によって対象としている大学のイメージ・認識等がかなり異なっているように感じる。また、大学が行っている業務全般や予算についての認識、または業務の優先順位に対する考えもかなり異なっているように思う。たとえば、京都大学では理系の学部学生数は全体の三分の二くらいであり、大学院生では九割以上が理系である。そして、理系の修士入学者数は学部入学者数とほぼ同じくらいであり、大学院比重の大きな大学である。一方、多くの私立大学では文系の学部学生が多く、また大学院生数はかなり少ない。そして、実験等を行う理系教育、特に大学院教育にはより多くの経費が必要である。大学全般についての言及では、どのような大学をイメージするかによって議論がかみ合わなくなってしまう。また、大学の業務として教育と研究と社会貢献があり、大学により各々の比重が異なっている。そのいずれを念頭に置くかまたは重視するかによっても、大学に関するコメントはかなり異なったものになる。

大学における研究

最近よく感じるのは、短期間で経済的利益につながるような研究や産学連携業務に対する大学の資源投入要望が強いことである。我が国の財政状況や産業界の競争力向上による国益等を考慮して、比較的短期的な経済的メリットに直結するような大学の貢献に期待が寄せられているのだろう。こうした要望は、主に京都大学のような理系の比重が高い研究重視大学に対してなされているように思われる。京都大学は、確かに最先端研究を重視する大学であるが、各レベルでの教育も極めて大事な業務と認識しているし、また文系の研究も重要と考えている。

短期的な実益が優先され過ぎると、様々な社会の状況変化に対応できる教職員や学生が減少し、また研究・教育の多様性が失われる懸念がある。たとえば、社会的関心が高いＡＩやＳＮＳ活用およびビッグデータの利用について考えてみよう。これら情報技術（ＩＴ）の関連業務に従事できる人材育成への要望は強く、その判断は正しい。ただしそれらの分野に関して、我が国は国際的に特に有利な位置にいるとは考えられず、人的・予算的資源投入に関しても米国や中国に及ばないように思われる。こうした状況で、他国と同様の施策と戦略で後を追い、また短期的な利益にとらわれ過ぎてしまっては、優位に立つことは難しいのではないだろうか。量的な力任せの競争とは違う、より広い視野と中長期的な視点に立った独自のアプローチや新たな成長分野開拓につながる芽の育成も重要である。そして、大学はそのような多様な研究活動を行う場としてこそ大きな存在価値があると思う。

大学における教育

大学での教育についても様々な要望がある。上述したＩＴ関連教育の充実といったことに加えて、日本人学生については国際化のための〝使える〟英語能力の向上が求められている。聞いたり話したりする能力をチェックできる民間試験の入学試験での活用、外国人教員による英語授業数の増加等が推奨されている。また、一八歳人口の減少への対応として、外国人留学生を増やし、大学の国際化を推進することも推奨されている。その他に、単純な学力試験とは異なる日本人向けの入学者選抜方法の多様化も進んでいる。

各々の施策には推進すべき理由と期待できるメリットがある。しかしながら、留意点あるいは懸念もある。たとえば英語による授業は、一部の学生にとってはメリットが大きいが、その一方で授業内容の理解が不十分になる学生が出てくる。民間英語試験の活用では、複数の目的や元来の対象が異なる試験が共存するため、試験間の公平な比較が困難となる。また、一部の試験の受験費用はかなり高額であって大都市以外では行われず、受験可能人数も限られ、大学受験用の試験として広く活用することに無理がある。つまり、十分な供給が確保できていない。入学試験については、問題作成や採点など公平で適切な入学試験業務の実施には、多くの教員の長時間業務が必要であることも指摘しておきたい。入学者を適切に選抜することは大変大事だが、そのための業務は、教員が大学教育や研究に使う時間を奪うことにもなっている。

大学の社会連携

大学は高大接続関係の事業、小中校生向けのイベント、一般向けの講演会等様々な社会連携活動も行っている。京都大学理学部も、高校生向けにオープンキャンパス、実験や実習などの短期受け入れプログラム、出前授業、研究発表会への教員の出席等の事業に参加している。また小中学校生向けの見学会や実験のデモンストレーション、そして出張講演も、各教育委員会等と協力しながら行っている。こうした多くの事業に教員が関与するが、学部学生・大学院生も参加している。また、一般の方々へ研究成果を説明して意見交換をすることにより、大学の良き理解者を得るとともに、教員が一般の方々の考えを知ることを目的とした行事も行っている。各々有意義であり、出席して参加者が興味を持ってくれると嬉しい。また、学生も小中高校生や一般の方々と接することで、説明能力・コミュニケーション能力が磨かれているように思う。理学部には卒業後教員になる学生も毎年一定数おり、彼らにはこうした交流事業が、先々教員として活躍していく上で良い経験になっていると考えている。しかしながら、社会交流事業も行いだすと際限がない面がある。上述してきた教育や研究についても、業務・事業を行えばそれに応じた成果は出る。しかしながら、限られた予算と人員で何をどこまで実施するかはよく考える必要がある。

大学業務の優先順位

国立大学法人についての本質的な問題点は、新たな業務・施策を行うにあたって、全体として見ると予算や人員の十分な追加がなされていないことである。また、学生や教員等業務担当者による実施体制の質と量について現実的で妥当な判断がなされていないように思う。国立大学法人において使用自由度の高い運営費は削減され、それが機能強化に資する新たな取り組みに回されるしくみとなっているが、大学に配布される総額はほとんど変わっていない。国債という借金を多く有する我が国の財政状況から、大学に回せる経費総額はほぼゼロサムで維持されている。つまり、新たな業務を行うために予算・人を分配するにあたって、元々行ってきた業務のための資源配分を減らしており、それが元来の業務の質と量に悪影響を及ぼしていると思う。そして、そういった体制は、たとえば近年の我が国からの論文発表数の伸び悩み等に現れてしまっているように思う。国立大学法人は産学連携推進等により、収入を増やすことも期待されており、大学も以前より柔軟な対応を行うようになってきている。しかし、産学連携は比較的短期間で実利に結び付く事業に偏る傾向がある。大学を良く理解してくださる方または法人からの大学への寄付を増やす努力をしているが、我が国の税制等は寄付行為への優遇措置が必ずしも十分でないといった問題もある。

前節で検討した利害判断をする集団のレベルと想定する期間に関する件は、大学の運営でも問題になる。大学に関係するどの集団の利益を優先するか、またどのくらいの期間のメリットを大事にするかによって業務の優先順位が変わる。また、上述してきたように使用できる予算・人員という資源の質と量の現状、および先々の見通しを考慮に入れる必要がある。大学は新たな資金獲得方法を模索しているが、予算増が見込めない場合は、業務の優先順位を真剣に検討すべきだと思う。ただし、教育については初中等教育体制への影響等を考えれば、唐突に大きな改変をすべきではなく、かなりの安定性が求められよう。研究については、一部の分野についてはよりダイナミックな変革を行っていくべきであろうが、同時に多くの分野は維持していくことが必要だと思う。たとえば、衛生状況の改善により多くの感染症対策が進み、医学部では寄生虫や細菌を扱う分野は縮小あるいは廃止されて免疫学等の研究室に変わった。こうした対応は学術の進歩と変化に対応した適切な措置であったと思う。しかしながら、多剤耐性菌等への対応は現在でも重要であり、一定数の細菌等の専門家が存在することは必要と考える。

国立大学法人は法的な制限も多く、さらに政府や文部科学省からの要請に応えていくことも求められている。しかし、時々の政府等からの短期的な視点での要求に振り回されているだけでは、より長期的な観点で考えた時あるいはより大きなグループである国家や人類全体のメリットを考えた時に、大学の本質的な価値や役割を低減させることになってしまうのではないかと懸念される。

3 人類の持続的生存に向けて

人の社会の繁栄が持続し、個々人が充実した一生を過ごせるようにするためには、どのような点が配慮されいかなる調整が行われていくべきなのであろうか？　こうした問題について、私なりの視点で検討したいと思う。

成長戦略の限界

各国は経済成長をめざし、そのための政策を実施している。**経済成長**には、**人口増・少**なくとも維持が求められよう。しかし、増加するヒトを養うのに十分な**食料・エネルギー**等の資源を永続的に確保できるのであろうか？

特定動物種の個体数は大きな変動をすることが知られている。個体数の減少要因として重要なのが、食料とすみかの供給量である。近年の都市近郊の開発等により、十分なエサを得られる場所を失った動物種は多く、絶滅危惧種は増加している。そして、ある種が減少すると、その捕食者も生存できなくなる。一次的にある種の個体数が増加しても、それはやがて食料の枯渇や捕食者増加によって減少に転ずる。生物の生存に必要な食料等の資源は限られており、その枯渇により個体数は制約される。動物の生存に必要な資源の取得可能量によって特定動物種個体数が制限されてしまうことは自然の摂理であり、動物の一種である人類も例外ではあるまい。ヒトは脳の発達により、様々な状況に柔軟に対応する能力を獲得したが、利用可能な食料・エネルギー資源が無限にあるわけではない。人口増加に伴い、それらの確保・分配が困難になっていくことは想像できる。持続可能な世界人口は何人くらいで、その分布状況はどのようになるのが良いのであろうか？　人口問題は、成り行き任せで済むようには思えないが、調整は難しいように思われる。

国家間および同一国家内でも**貧富の差**は大きく、拡大傾向にあると思う。富または資源の配分はどのようになされるのが良いのだろうか。動物は集団内での順位をめぐって競い、エサの多い良い縄張りや子孫を残すための異性の獲得につなげようとする。人も個人単位で富・地位・名誉・異性等を求めた競争をするが、力を合わせてまた役割を分担して、グループとしての利益追求を優先する場合もある。グループには、家族・会社・国家等があり、グループ間の競争もある。個人でもグループでも恵まれた者はその状況の維持を目指し、一方十分な富・地位を持たない者あるいは新参者は、既得権所有者に挑戦することになる。こうした競争は、場合によっては武力行使につながってしまうかもしれない。

現在、先進国では人口が頭打ちまたは減少に転じている。一方、新興国では人口は増加傾向にあり、**人口増加**は**経済成長**につながる。移民の受け入れにより人口を維持・増加させている先進国もある。人口により国家間のパワーバランスも変化しよう。しかし、人口増加には問題もある。先述したように、人口増加は資源の分配をめぐる競争激化をもたらす可能性があることに加え、大気中**二酸化炭素**の増加による**地球温暖化**等の環境悪化につながる懸念もある。人口増加政策には問題点があるが、人口減少に起因する経済力低下による国際的影響力の減弱は、国としての競争力と存在感の低下をもたらす可能性が高かろう。

AIとヒトの仕事

今後ＡＩの活用は盛んになるであろうが、いくつか懸念があることは先述した。ここではＡＩが社会に及ぼす影響について述べたい。工業等での特化型ＡＩ活用は生産の効率化に役立ち、また受付対応業務等サービス業へのワトソン型ＡＩ活用も業務効率化に有効と期待される。各々におけるＡＩの効果的利用は企業の競争力を向上させるであろう。一方で、こうした効率化によりかなりの業務を担当する労働者数が減少し、求められる人材は管理業務者・ＡＩ機能の向上や維持にかかわる人材またＡＩが対応できない事態に対応できる専門的技術者・新たな企画や研究開発を行える専門的頭脳労働者に限られるようになり、その人数は現在の企業従業員数よりも少なくなると思われる。そして、そうした状況に適応可能な人とそうでない人との間で貧富の格差が拡大することが考えられる。また、望むような職を得られない人がかなり増えてくるかもしれない。前節で人口は集団の力の要素だと記したが、ＡＩの利用が進んだ社会でどれだけの人が十分満足できる生活を送れるのか心配である。

情報処理・統合を担うヒトの脳の重量は一二〇〇～一五〇〇グラム程度であり、体重の二～三％くらいである。脳以外の神経系である脊髄や末梢神経を加えても、神経系の重量は体重の五％に満たない。生命を維持し行動するには、種々の内臓・筋肉・骨が必要である。社会においても情報の伝達・処理・統合は重要だが、生命体であるヒトの人口維持には、食料・エネルギー等資源の確保が必要であることは明白であり、情報産業にも適正規模があろう。

情報化が進んだ社会では、情報産業に富が集中しやすくなるだろうが、それに従事できる人口は限られる。各職業に従事する労働者数と富・資源の適切な分配に関する調整が求められる。そして、職業の提供をも含めた様々な**資源配分**が可能な人口の調整も必要になるのではなかろうか。国際化による新興国への生産業移動、移民等による人口移動、情報産業の振興等による産業構造の変化により、生産業に従事してきた中間層の**貧困化**が起こった。そして、そうした変化が米国でトランプ大統領を誕生させ、英国のEUからの離脱につながったのではないかと思う。人口分布・資源配分の世界レベルでの調整が必要と思うが、一方で各国は各々の優位性を求めるであろう。賢く良いバランスの調整が平和的に行われていくことを願う。

理性的判断が問われる時代

第2章で説明した**脳内報酬系**は、動物個体にとっての利益または利益獲得見込みに対して脳に褒美を与えることにより、利益につながる行動の動機づけを行うシステムである。個体の利益に対する報酬の他、集団内での役割分担が明確なアリやハチ等では、集団の利益に貢献する行動を動機づけるしくみがあると考えられる。

ヒトでは何が大きな脳内報酬をもたらすかについては個人差が大きく、年齢や経験によっても変化すると思う。食事・家族や友人等他者とのかかわり・知識の獲得等は幼少期から重要であろう。青年期にはこれらの他に異性のパートナーを得ることや、社会での役割や地位の向上が脳内報酬をもたらすようになってくるのではなかろうか。いずれにせよ、多くの人は、通常は比較的限られた他者とのかかわりの中で脳内報酬を得ているように思われる。

しかしながら、情報が瞬時に世界中に拡散し、国内外での出来事が個人の生活に様々な影響を及ぼすようになった現在、私たちはより大きな視点でも行動選択することが求められるようになっていると思う。また、より大きな国や全人類への貢献を考慮することも求められ、そうしたことに対する動機づけも必要なのではないか。正義といった概念や宗教等は、より大きな集団への貢献を促すしくみとして、人の社会の成熟とともに発展してきたように思われる。そして、様々なタイプの教育により、集団や社会に奉仕することに対して脳内報酬系が駆動されるようになってきたのではないかと思う。

しかし気をつけなければならないのは、脳内報酬系は必ずしも正しい判断を保証しているのではないことである。私たちは、他種多様な情報をしっかりと統合・判断して、最適な行動を選択することに努める必要がある。もっとも何が最適かについて、前にも議論したように唯一の正解がある場合などはほとんどない。個人にとっての利益とグループの利益が相反することも多々ある。また、短期の利益と長期的な利益が一致しない場合も多い。さらに、情報が不十分なために予測が困難な場合も多かろう。事実に基づく合理的で理性的な判断が求められている。

合理的・理性的な判断を行うにあたっては、事実を知ることが重要であり、また事実と推定あるいは推察を峻別することが必要である。A氏がB氏に金銭を渡し、A氏はB氏に恐喝されたためにお金を渡したと証言し、B氏はA氏がB氏に与えた損害の代償として金を受けとったと証言したとする。この場合、A氏からB氏へお金を渡したことと両氏が上記のように証言したことは事実である。お金を渡した理由については、推測できても不明である。A氏と同様の恐喝被害を訴える他者が存在するか、B氏に恐喝の前科があれば、A氏が事実を述べている可能性が高まったと判断できるかもしれないが、それでもやはり推測である。大気中二酸化炭素の測定データは事実だが、近年の二酸化炭素量増加の要因・今後の変化見通しは推測できるだけである。推測内容の確かさの判断には、各要因をどの程度考慮したかという事実が参考になるが、その分野のいかなる権威者が出した判断も推測であることに変わりはない。

マスコミとSNS

ところで、近年マスコミや政治家の事実に関する発表内容が異なることがある。米国大統領就任式の参加者数についてマスコミ報道とトランプ大統領の発表間に大きなへだたりがあった。比較的容易に判断できそうな事柄について、大きく異なる発表がなされたことに驚いた。もっとも、入場ゲートがないような野外での参加者数を確認することは困難であり、両者の発表は共に推定値になる。人はこうした時何を信じるのであろうか？　また、マスコミ・インターネット上では多種多様な情報が提示されているが、私たちはそのうち何にどれだけ注目するだろうか？

個人差はあるが、私たちは自分の興味あることあるいは自分の願望や思い込みに合致する情報に注目しやすい傾向があると思う。最近のMartiらの論文（文献23）によれば、人が確信を得るか否かは「データによる統計的な推測」よりもむしろ「自らが正確に予測できたか」といった感覚的なものによるそうだ。もしかすると、予測の正否が思い込みに大きな影響を及ぼすのは、利得の予測に対して脳内報酬が与えられる脳のしくみと関係しているかもしれない。私たちは関心のない事柄については自ら情報収集をしないし、また何回も接した情報は記憶に残る。また、よく目にする情報によって考えや判断を特定の方向に偏向されてしまう可能性もある。

明らかな誤りが平然と語られ、それが一部の人に事実と認定されてしまう状態は大変心配である。インターネットとSNSの発達と、プロバイダーがユーザーのインターネット検索履歴を参照してユーザーのニーズ・嗜好を推定し、それらに適合する情報を提示する仕組みは、各人が接する情報を偏らせる懸念がある。そして、特定の偏った考えのグループがインターネット空間で形成され、グループ内の人はそうした情報に接する機会がさらに多くなり、それに反する情報や意に沿わない情報には耳を傾けないということも起こっているように思われる。個人データやビッグデータと心理分析を利用した選挙キャンペーンや世論形成については、『デジタル・ポピュリズム』という本（文献17）等で紹介され、問題点が指摘されている。事実が示され、それを踏まえた合理的な推定が根拠とともに提供され、適切な判断がなされていくことが、人類の永続的な繁栄・存続に必須であろう。

ポピュリズムの台頭

二〇一七年一月、第四五代アメリカ大統領に就任したドナルド・トランプは、アメリカ第一主義を掲げ、移民排斥や輸入品に対して高関税をかけるなどして、アメリカ国内の一部集団の利益を重視する政策を掲げた。多くのマスコミ報道を偽ニュースとして攻撃し、自らの主張をTwitterで一方的に発信している。十分な事前調整を行わずに、北朝鮮・中国・ロシア等利害関係が対立しアメリカの従来の価値観とかなり異なる優先順位を有する国々の首脳と会談をして、長期的な見通しが不確かな交渉をしているように見える。トランプ大統領の施策は、アメリカという国の相対的な国際的信頼性を低下させるなど負の作用も大きいように思われたので、このような主張ややり方が続くことはなかろうと考えていたが、二〇一八年秋の中間選挙前時点でも四〇%以上の支持率を維持していた。

この背景には、自動車の製造等にかかわる中間層の経済的弱体化があり、そうした状況に対して民主党を含む既存の政治家が十分な対応をしてこなかったという不満をもつ人々が多いことがあると思う。そして、中間層衰退の原因として輸入の拡大や輸出の伸び悩み、そして移民が職を奪っていることを挙げ、その是正を強引に進めることで状況が変わるという主張が受け入れやすかったのであろう。製造業等の競争力低下は、技術開発で十分な成果が上がらなかったことや、相対的な賃金が高かったことが主な原因と考えられるので、責任転嫁の面があると思う。しかしこのようなことは、ヨーロッパでも起こっている。移民受け入れへの不満等から英国はEUからの離脱を決めた。イタリア・フランス・ドイツ・ポーランド等でも移民受け入れ制限等を主張する勢力が拡大した。以上のように、理性的に判断する知的な市民よりも、情緒や感情によって態度を決める大衆の不安や願望を利用し、その支持を得ようとするポピュリズムが台頭してきているように感じる。

トランプ大統領の誕生には、有権者の個人情報に関するビッグデータとSNSを用いた選挙活動が大きな寄与をしたという。偏ったまたは誤った情報の拡散をターゲットとなる有権者に絞って発信し、そういった情報はそれを好む有権者に容易に受け入れられたようだ。そして、そのような人の一部は自分の考えに反する情報または自らに都合の悪い情報を聞こうとしないらしい。こうした行動には、ヒトの脳の機能特性も影響を及ぼしているかもしれない。民主主義がきちんと機能するには、事実に基づく合理的な判断を行える市民が多数を占めていることが不可欠だと思う。また、SNSを含むインターネット空間の偏った情報提供も承知した上で、異なった視点に立った思考をできる成熟した市民が育っていることが重要だと思う。

トップダウンとボトムアップ

二〇一九年現在、強権的または独裁的な傾向の強い政治家が様々な国の首脳になっていると思う。前述した米国のトランプ大統領の他に、中国の習近平主席、ロシアのプーチン大統領、フィリピンのドゥテルテ大統領、トルコのエルドアン大統領、北朝鮮の金正恩総書記等が思い浮かぶが、我が国の安倍首相も一強と言われている。他国の首脳が強力な場合、対抗するためには強固な立場が必要ということも、強硬な首脳が増えた一因かもしれない。また、テロ行為や武力紛争が続いていること、社会環境の変化による貧富の差の拡大やユーロ圏内の経済力格差、そして移民問題への対応等に関する世論の分断等の意見調整の難しい問題が山積している状況も、明確な施策を行いやすい強力な指導者が増えている要因になっていると思う。

我が国においても、施策および判断を迅速に行えるトップダウンの意思決定への期待感が強いと感じている。状況変化に迅速に対応できない組織やグループは衰退するであろう。しかし、神のごとき万能な指導者などは存在しないのではないか。トップの暴走により組織が大きな損害を受けた例は枚挙にいとまがない。私は、組織の構成員等からの情報に十分耳を傾けて合理的な判断を行い、構成員を納得させてその力を引き出せるトップが望ましいと考えている。

大学についても学長によるトップダウン的運営の強化が求められている。その背景として、教授会が保守的で変化を認めず抵抗するために、大学が社会の要請に応える変革を十分なスピードでしてこなかったという指摘があると思う。確かに教授会には保守的な傾向はあると思う。たとえば、一部の教授が強く反対することを決めるのがなかなか難しいということがある。全学的な調整には、学長あるいは大学の執行部が関与することが大学の円滑な運営に必要なことも多い。しかしながら、京都大学くらいの規模の大学では、全体の活動の詳細を把握することは、いかに優れた能力の持ち主でも不可能であろう。また、大学は企業等とは異なり、営利目的でない教育・研究・社会貢献等の多様な業務を実施している。そして、構成員である教員は、個人または中小企業の社長または役員のような面もあり、各々の業務の半分以上は独立性が強い仕事である。つまり、大学の目的・役割と組織体制は企業とはかなり異なっている。また、教員の知的レベルが高い点は軽視すべきではない。少なくとも京都大学の教員の多くは事実に基づき合理的な判断を下すし、また個人や研究室といった小単位よりも大きな組織単位のための調整にも協力するはずである。大学においては、構成員等からの十分な意見収集を行いつつ、学外の状況に関する事実やそれに関する認識および今後の方向性の提示を学長または執行部が行って、大学の進む方向や業務の優先順位を構成員に示しつつ情報と認識の共有を行いながら、構成員の力を引き出すような運営がなされることが望ましいと思う。

教育の役割

言語能力の取得には臨界期が存在することを先述した。適切な時期に様々な感覚入力を受け、豊かな体験をすることが動物個体の成長に重要であり、成長過程で適切な経験と教育を与えることが必要である。また、個体の個性は遺伝と経験によって定まる。集団内での個体の適切な行動パターンを学ばせるのも教育の役割であろう。ただし、集団内個体が、すべて同じような判断をして同様な行動をとるのは、その行動が適した状況では効率が良く集団の繁栄をもたらすかもしれないが、危機的状況では集団の全滅をもたらす可能性が高い。教育においても、共通の知識基盤の伝授は大変重要だが、個々の多様性を育てることも集団の長期的なメリットになる。

教育により人の価値観や善悪感はどこまで影響されるのであろうか？　江戸時代の武家では、家または主君が第一という価値観を叩きこまれ、戦前の日本では国家が第一という教育がなされたと思う。しばらく前に、テレビでイスラミックステート（ＩＳ）の兵だった少年のインタビューを聞いた。捕虜の銃殺をさせられたが、それを正しいと考えており、殺人にも抵抗感をもっていないように思えた。カルト宗教では、洗脳により多くの人とは相当異なる考えと価値観を植え付けられることもある。正義・善悪は絶対的なものではなく、経験と教育により変わり得るようだ。

私たちは、これまでに先人が獲得してきた民主主義を大事にすべきだと思う。民主主義が機能するためには、個々人が事実を正確に認識し、合理的な判断を行えることが必要だ。青少年期に豊かな経験をし、教育により正確な知識と思考力・判断力を身に着け、様々な視点で物事を考えるようになることが大切だと思う。現在私たちは、他国の変化が自国にもすぐに大きな影響を及ぼすのにもかかわらず、多くのフェイク情報が流れてポピュリズムが台頭する時代に生きている。また、今後はビッグデータやＡＩの活用が進み、社会構造がいやおうなく変化する時を迎えるであろう。こうした時だからこそ、事実を見極めて物事の本質を見抜き、合理的かつ協調的に判断を下せる自立した人をしっかりした教育により育成していくことが重要になっている。

多様性とはぐれ者の価値

近年生物多様性維持の必要性が指摘され、また組織内での女性比率向上など**人的多様性**の確保が推奨されている。それらには、合理性があるのだろうか？　私は、多様性や少数者あるいははぐれ者の存在が、集団の存続確率を高めることに貢献することがあると考えている。第2章で賢いが状況変化にうまく対応できないマウスの話を紹介した。また、反社会的な行動をしないサイコパスの有用性にも言及した。

集団内個体すべてが同様の判断をして同じ行動を選択するのは、それがその時の状況によく合っていた時には、集団の繁栄を効率良く促進できる可能性が高いが、状況が変化した時の適応は難しくなるのではないかと考える。特に**成功体験**が強かったり、保守的になり過ぎてリスクをとる判断をさけると、方向転換が困難になると思う。状況変化による危機が訪れた時、皆が同じ方向を向いていたのでは、全滅してしまうかもしれない。技術開発・社会の変化が加速している現在、求められる業務や対応の変化も早い。異なる発想・行動をとれる人の存在が集団の存続と発展を可能にすると考えられる。生物の進化過程でも繁栄を極めた恐竜が滅びて、当時弱者であった哺乳類が生き残るとともに繁栄するようになったのは、当時の環境変化に対応しやすい存在であったためと推測される。多様な人を受け入れて社会で活躍してもらうためには、余分なコストがかかることが多いと思うが、それでも多様性の維持を心掛けるべきである。

脳を生かす──現代社会における脳の活用

脳がはたらくしくみ、脳がどのように発達してきたか、そしてヒトの脳が作り出したＡＩや社会等について述べてきた。今や、ＡＩの能力は特定の業務においてはヒトの脳を凌駕しており、今後さらなる発展をすることは間違いない。しかし、ＡＩが判断材料とする情報は量的には多くても質的に限定されており、またその判断結果も特定の観点でなされる。その利用にあたっては、動作・判断条件を適切に評価し、より総合的な判断をできる人の能力向上が必要である。

国際化が進んだ現代社会では、各国の状況は他国にも大きな影響を及ぼすが、国内外の利害調整は難しくなってきている。貧富の格差の拡大が進み、情報産業が発達して人や物の国家間移動が増加した状況は、先進国で中間層の不満を増大して、ポピュリズムの台頭を招いたように思う。そして、ポピュリスト等によって事実が軽視されたり捻じ曲げられるケースも出てきている。事実を軽視し理性的な判断をしなくなった人との合意形成はより困難になろう。ＡＩの発展も貧富格差拡大を進行させ、自ら公平な情報収集を行って自分自身でしっかりとした判断を行える人を減少させてしまう恐れがある。事実を直視して様々な情報を総合的に判断できる自立したヒトの教育と育成が求められている。人類は新たな状況に直面しており、それに見合った脳の活用が必要だと思う。そして、そのためには脳やＡＩの本質をより良く理解することが役立つに違いない。

おわりに

私は大学の学部学生時代に自らの心をよりよく理解してみたいと考えるようになり、その物質的基盤である脳を科学的に扱ってみたいと思った。当時のコンピューターの性能は現在のコンピューターやＡＩと比べようもない状況であったが、それでもコンピューターがヒトの脳と似た高度の情報処理を行っていることに関心を持った。そして、コンピューターと比較した時の脳の特徴は何かを考えて、脳の柔軟性と学習能力に注目した。そういった経緯で、学習能力の細胞レベルでの基盤現象と推察されていたシナプス可塑性に着目し、その分子・細胞機構を研究することにした。また、シナプス可塑性が学習・記憶においていかなる役割を担っているかについても興味を持ち、これまで可塑性を阻害したり逆に可塑性を亢進した遺伝子改変マウス等を用いた研究を行ってきた。様々な工夫を凝らして、実験により結果を得る研究は実に楽しかった。実験研究において、私はできるだけ明確な答えを得られる単純な実験系を好んで用いてきた。たとえば、神経細胞を体外に取り出して培養することにより、生きている状態で細胞の細部まで観察できる培養神経細胞を用いた研究や、神経回路が比較的単純な小脳による運動学習制御系等を研究してきた（文献24-28）。

一方で、自らの心や意識といった問題にも関心は持ち続けていた。私が大学院生として研究していた当時は、意識・心といった問題は哲学や心理学が扱う事柄で、神経科学の実験的研究の対象としては十分認められていなかったと思う。実証できない推論部分が多すぎて、様々な解釈が可能だったような印象が強い。確かな基盤的事実の蓄積が不十分な状況で推論を展開することは、実験科学研究者としては避けたいという思いがあった。しかしながら、その後の様々な実験手法の開発・遺伝子等分子に関する研究成果の蓄積、コンピューターやＡＩの進歩等により、脳や学習に対する理解が深まってきたと思う。生体内の特定の神経細胞活動を制御できるオプトジェネティクス手法や多くの神経細胞活動の同時記録方法の開発等により、より複雑な記憶現象の解析と知覚機構や報酬系の実体に関する研究が進み、マウスの記憶の一部を人為的に書き換えることもできるようになった。また、様々な思考課題遂行中のヒトの脳活動を記録するｆＭＲＩ（functional Magnetic Resonance Imaging）手法を用いた研究も盛んに行われ、各情報処理過程に関与するヒトの脳部位の特定も進んだ。このようにして、脳に関する実験的事実の蓄積が進んできた。また、意識・クオリア・心に関する研究・検討も増え、ＡＩの今後の可能性に関する議論も盛んになってきた。こうした状況下で、脳と意識・心の問題について自らの考えを整理してみたいと考えて、本書を執筆することにした。

心や意識に関する様々な文献を読んで、著者によって言葉の定義というかその言葉でイメージしている内容が異なり、場合によっては同じ人が一つの文章の異なる場所で別の意味で使用していることがあるように感じた。意識とか心という概念は抽象的であり、内観によって認識する面があるためと思われるが、概念のあいまいさが議論をかみ合わないものにしているような気がしている。そこで、動物が進化過程での自然選択で種として生き残るために脳をどのように高性能化してきたか、そして意識や心がどのような必要性というか生物学的な要求により発生してきたかという観点から、脳と意識・心の関係について考察してみることにした。また、AIについても汎用AIをイメージするか、特定目的のAIを考えるかで、話がかみ合わないこともあるのではないかと思った。特化型AIの高い推定能力やヒトが気づかなかった事象間の関係性の発見能力等により、AIと生命体であるヒトとの本質的な違いの認識があいまいになっているような気がする。そこで、生命体あるいは動物として進化してきたヒトの特性について再考してみた。限られた寿命を持ち、死を免れることができない動物であるヒトが、種の保存や自らの遺伝子を残すことを大きな目的とすることは、自然選択を考慮すると理解しやすいと思った。この点は、生物的な寿命のないAIとの本質的な違いであろう。

動物には自身より子孫や自身が属する集団の利益のための行動があるが、ヒトの集団でも様々なルール・規範が生まれ、集団の繁栄が図られている。私たちは様々なグループに属し、個人あるいはどのグループの利益を優先するか、またどのくらいの期間の利益を優先するかによって、行動選択を変えている。私の職場である大学を取り上げて、研究・教育・社会連携業務等を限られた予算と人員でどのように行うのが適切なのかという集団としての行動選択上の問題についての検討を記したが、中長期的に考えると判断が難しい。

私は大学に入学して以降、四大学六部局を移動したがずっと大学にいる。学生時代は研究を仕事とすることを希望して、研究者である大学教員になったつもりだった。当時は、自分自身の研究が主な仕事だと考えていた。いっしょに研究していた大学院生には研究者として力をつけて欲しいと思って接したが、私も共同実験者からいろいろと学ばせてもらった。講師・准教授・新任教授と上位ポストに就くに従い、教育業務は増えてきたが、それでも若手教授のころは研究の比重が高かった。京都大学理学部・理学研究科で、部局や大学全体の様々な業務を経験し、またより多くの情報に接するにつれて、大学ではどのような教育を行っていくのが良いのか等を考える機会が増えた。研究者になったつもりだったのが、教育者にもなっていたのだと思う。ただし、今なお何が良い教育なのかわからずに模索している。京都大学理学部は、科目選択や専門選択等について自由度の高い教育カリキュラムを採用している。能動的な学生が力をつけるには良いシステムだと思っている。私個人は学生の良いところをできるだけ伸ばしてあげたいと思っているが、弱点を補うことも重要だと認識している。ただ、型にはまった人は育てたくなく、私の価値観や判断を押し付けることには抵抗感が強い。そこで、事実をしっかり把握して自然界の法則を理解し、物事の本質を見極めたうえで、自分自身で合理的な判断を行えるように育って欲しいと願いつつ、学生とつき合おうとしている。

今後、人類が人口をどのように調整して資源配分をいかに上手に行うか、そして国家間等集団間の利害関係をどのように調整していくかは、重要だが難しい問題である。ヒトで大いに発達した知的能力を生かし、生命体であるヒトの特性を十分理解した上での適切な調整が様々な集団のレベルで行われていくことを願っている。また今後、人だからこそできる総合的な判断を正確な事実・状況認識に基づき主体的・理性的に行えるように、私たち自身がより成熟していくことが求められていると思う。

最後に、本書の図を作製してくださった私の研究室に所属する大学院生の胡馨月さん、様々な段階で本書の原稿を読み適切なコメントをくださった京都大学学術出版会編集者の永野祥子さん、そして初期の原稿にコメントしてくださった川口真也博士に感謝いたします。

参考文献

以下に本書を執筆するにあたって参考にした文献を挙げる。神経科学一般については1-3を、行動学や生態学等の個体・集団の生物学については4-6を、意識や心については7-10を、またＡＩについては10-14を参考にした。

1. Neuroscience. Edited by Purves D et al. 5th Ed. Sinauer, 2012
2. 脳神経科学イラストレイテッド、第2版、森寿ら編、羊土社、二〇〇六
3. 脳と心の正体――神経生物学者の視点から、平野丈夫、東京化学同人　科学のとびら、二〇〇一
4. 大学生物学の教科書、第4巻　進化生物学、Ｄ・サダヴァ他著、石崎泰樹・斎藤成也監訳、講談社ブルーバックス、二〇一四
5. 大学生物学の教科書、第5巻　生態学、Ｄ・サダヴァ他著、石崎泰樹・斎藤成也監訳、講談社ブルーバ

ックス、二〇一四
6. 利己的な遺伝子 40周年記念版、R・ドーキンス著、日高敏隆・岸由二・羽田節子・重水雄二訳、紀伊国屋、二〇一八
7. 自我と脳、K・R・ポッパー、J・C・エクルズ著、大村裕・沢田充茂訳、新思索社、二〇〇五
8. 意識の探求——神経科学からのアプローチ、C・コッホ著、土谷尚嗣・金井良太訳、岩波書店、二〇〇六
9. 意識とは何か——科学の新たな挑戦、苧阪直行、岩波書店 岩波科学ライブラリー、一九九六
10. 脳・心・人工知能——数理で脳を解き明かす、甘利俊一、講談社ブルーバックス、二〇一六
11. ディープラーニング——人工知能は脳を超えるか、北澤茂ら編、Clinical Neuroscience 34, 8, 2016
12. 爆発的に進化するディープラーニング、Y・ベンジオ、日経サイエンス46（9）, 36-42, 2016
13. 完全な自動運転車はできるか、S・E・シェラドーバ、日経サイエンス46（9）, 44-49, 2016
14. 人工知能解体新書——ゼロからわかる人工知能のしくみと活用、神崎洋治、SBクリエイティブ、二〇一七
15. サイコパス、中野信子、文春新書、二〇一六
16. 脳のなかの幽霊、V・S・ラマチャンドラン、S・ブレイクスリー著、山下篤子訳、角川文庫、二〇一

一
17. デジタル・ポピュリズム——操作される世論と民主主義、福田直子、集英社新書、二〇一八
18. Olds J. Pleasure centers in the brain. Scientific American, 195：105-117, 1956
19. Schultz W, Dayan P, Montague PR. A neural substrate of prediction and reward. Science, 275：1593-1599, 1997
20. Blakemore C, Cooper F. Development of the brain depends on the visual environment. Nature, 228：477-478, 1970
21. Naudé J, Tolu S, Dongelmans M, Torquet N, Valverde N, Rodriguez G, Pons S, Maskos U, Mourot A, Marti F, Faure P. Nicotinic receptors in the ventral tegmental area promote uncertainty-seeking. Nature Neuroscience, 19：471-478, 2016
22. Gazzaniga, MS. Forty-five years of split-brain research and still going strong. Nature Reviews Neuroscience, 6：653-659, 2005
23. Marti L, Mollica F, Piantadosi S, Kidd C. Certainty is primarily determined by past performance during concept learning. Open Mind：Discoveries in Cognitive Science, doi：10.1162/opmi_a_00017, 2018
24. Hirano T. Long-term depression and other synaptic plasticity in the cerebellum. Proceedings of the Japan Academy, Series B, 89：183-195, 2013
25. Hirano T. Regulation and interaction of multiple types of synaptic plasticity in a Purkinje neuron and their contribution

to motor learning. Cerebellum, 17：756‒765, doi：10.1007/s12311-018-0963-0, 2018

26. Hirano T. Depression and potentiation of the synaptic transmission between a granule cell and a Purkinje cell in rat cerebellar culture. Neuroscience Letters, 119: 141-144, 1990

27. Hirano T. Visualization of exo- and endocytosis of AMPA receptors during hippocampal synaptic plasticity around postsynaptic-like membrane formed on glass surface. Frontiers in Cellular Neuroscience, 12：442, doi：10.3389/fncel.2018.00442, 2018

28. Yoshida T., Katoh A., Ohtstuki G., Mishina M., Hirano T. Oscillating Purkinje neuron activity causing involuntary eye movement in a mutant mouse deficient in the glutamate receptor δ2 subunit. Journal of Neuroscience, 24: 2440-2448, 2004

【マ行】
麻薬　49
網膜　25, 42

【ヤ行】
幼弱期　59
抑制性シナプス　18
抑制性シナプス後電位（IPSP）　18
予測　51

【ラ行】
楽観　67
『利己的な遺伝子』　6
利他行動　96, 97
立体視　42
臨界期　61
連合野　25

【ワ行】
Watson（ワトソン）　83

自己複製　89
視床　25
視床下部　25
自然選択　3, 95, 105
膝蓋腱反射　11
自動運転　81
シナプス　14, 46
シナプス可塑性　47
弱者保護　96
囚人のジレンマ　98
樹状突起　14
受容体　15
小脳　25, 52
情報収集・処理・統合　14, 118
女王アリ　5
食料・エネルギー　115
進化　5
神経細胞（ニューロン）　14
神経伝達物質　15
神経伝達物質受容体　15, 69
人口増加　115, 117
伸張反射　11
人的多様性　129
刷り込み　59
正義　104
成功体験　129
生存競争　7
善悪　97
前向性健忘　28
側方抑制　37
Society 5.0　91

【タ行】

代謝型受容体　23
大脳基底核　25
大脳皮質　25
多幸感　51
脱分極　15
探索行動　63
知覚　30
地球温暖化　117
注意　33
中長期的な利益　105
長期増強　47
長期抑圧　47, 52
超スマート社会　91
直列処理　42, 44
ディープラーニング　75
適応能力　63
淘汰　3
ドーパミン　23, 49, 63
登上線維　52
特化型AI　81

【ナ行】

慣れ　40
二酸化炭素　117
認知　30
脳内報酬系　23, 49, 63, 119
脳梁　87
ノルアドレナリン　23

【ハ行】

パーセプトロン　75
背側経路　42
働きアリ　5
発見　45
汎用AI　81
光受容細胞　42
悲観　67
非線形応答　104
貧困化　119
貧富の差　116
fMRI（functional Magnetic Resonance Imaging）　134
不確実性　69
腹側経路　42
ブルース効果　5
プルキンエ細胞　52
平行線維　52
並列処理　42
扁桃体　25, 28, 68
補填　37

索　引

【ア行】
AGI（Artificial General Intelligence）　81
アセチルコリン　23
アルゴリズム　77
イオンチャネル　15
意識　32, 44
痛み　66
一次視覚野　25, 42, 59
遺伝子　5
遺伝的要因　59
ICT（Information and CommunicationTechnology）　91
運動学習　52
運動神経細胞　11
運動野　28
エラー信号　52
延髄　25
エンドルフィン　67

【カ行】
快感　49
階層　102
海馬　25, 28
快楽中枢　30
顔細胞　42
覚醒の状態　33
可視光　35
活動電位　15, 104
過分極　18
感覚情報処理　35
γアミノ酪酸（GABA）　23
記憶情報　11
機械学習アルゴリズム　75
帰属意識　97
気づき　45
記銘　28
強化学習　51, 77
教師あり学習　52, 77
恐怖　66
空間的加重　18
クオリア　86
グルタミン酸　23
経済成長　115, 117
ゲーム理論　98
好奇心　63
高次視覚野　25, 42
行動選択　4
興奮性シナプス　18
興奮性シナプス後電位（EPSP）　18
高揚感　49
心　32, 84, 86
子殺し行動　4, 97
心の理論　84
誤差情報　52
個体数維持戦略　3
コントラスト増強　37

【サ行】
サイコパス　68, 98
細胞体　14
細胞内情報伝達系　102
細胞内電位　15
作業記憶（ワーキングメモリー）　44, 45
錯覚　40
左右分断脳　87
視覚情報　25
時間的加重　18
軸索　14, 61
資源配分　119
自己犠牲的行動　5
自己組織化　61, 77

平野　丈夫（ひらの　ともお）

1955年生まれ。

京都大学大学院理学研究科教授（生物科学専攻生物物理学系神経生物学分科）。理学研究科長（2017年4月から2019年3月まで）。

東京大学医学博士・理学博士。

東京大学理学部卒業。

東京大学大学院医学系研究科第一基礎医学専攻博士課程修了。

東京大学医学部助手、カルフォルニア大学ロサンゼルス校医学部研究員、群馬大学医学部講師、京都大学医学部助教授を経て現職。


【主な著書】

『脳と心の正体：神経生物学者の視点から』（東京化学同人、2001年）

何のための脳？
AI 時代の行動選択と神経科学　　学術選書 089

2019 年 6 月 5 日　初版第 1 刷発行

著　　者…………平野　丈夫
発 行 人…………末原　達郎
発 行 所…………京都大学学術出版会
京都市左京区吉田近衛町 69
京都大学吉田南構内（〒 606-8315）
電話（075）761-6182
FAX（075）761-6190
振替 01000-8-64677
URL http://www.kyoto-up.or.jp

印刷・製本…………㈱太洋社
装　　幀…………鷺草デザイン事務所

ISBN 978-4-8140-0230-6
定価はカバーに表示してあります

学術選書［既刊一覧］

＊サブシリーズ　「心の宇宙」→心　「諸文明の起源」→諸
「宇宙と物質の神秘に迫る」→宇

001 土とは何だろうか？　久馬一剛
002 子どもの脳を育てる栄養学　中川八郎・葛西奈津子
003 前頭葉の謎を解く　船橋新太郎　心1
005 コミュニティのグループ・ダイナミックス　杉万俊夫 編著　心2
006 古代アンデス 権力の考古学　関 雄二　諸12
007 見えないもので宇宙を観る　小山勝二ほか 編著　宇1
008 地域研究から自分学へ　高谷好一
009 ヴァイキング時代　角谷英則　諸9
010 GADV仮説 生命起源を問い直す　池原健二
011 ヒト 家をつくるサル　榎本知郎
012 古代エジプト 文明社会の形成　高宮いづみ　諸2
013 心理臨床学のコア　山中康裕　心3
014 古代中国 天命と青銅器　小南一郎　諸5
015 恋愛の誕生 12世紀フランス文学散歩　水野 尚
016 古代ギリシア 地中海への展開　周藤芳幸　諸7
018 紙とパルプの科学　山内龍男
019 量子の世界　川合・佐々木・前野ほか編著　宇2
020 乗っ取られた聖書　秦 剛平
021 熱帯林の恵み　渡辺弘之
022 動物たちのゆたかな心　藤田和生　心4
023 シーア派イスラーム 神話と歴史　嶋本隆光
024 旅の地中海 古典文学周航　丹下和彦
025 古代日本 国家形成の考古学　菱田哲郎　諸14
026 人間性はどこから来たか サル学からのアプローチ　西田利貞
027 生物の多様性ってなんだろう？ 生命のジグソーパズル　京都大学総合博物館 京都大学生態学研究センター編
028 心を発見する心の発達　板倉昭二　心5
029 光と色の宇宙　福江 純
030 脳の情報表現を見る　櫻井芳雄　心6
031 アメリカ南部小説を旅する ユードラ・ウェルティを訪ねて　中村紘一
032 究極の森林　梶原幹弘
033 大気と微粒子の話 エアロゾルと地球環境　笠原三紀夫 東野 達 監修
034 脳科学のテーブル　日本神経回路学会監修／外山敬介・甘利俊一・篠本滋編

035 ヒトゲノムマップ　加納 圭
036 中国文明　農業と礼制の考古学　岡村秀典　[諸]6
037 新・動物の「食」に学ぶ　西田利貞
038 イネの歴史　佐藤洋一郎
039 新編 素粒子の世界を拓く　湯川・朝永から南部・小林・益川へ　佐藤文隆 監修
040 文化の誕生　ヒトが人になる前　杉山幸丸
041 アインシュタインの反乱と量子コンピュータ　佐藤文隆
042 災害社会　川崎一朗
043 ビザンツ　文明の継承と変容　井上浩一　[諸]8
044 江戸の庭園　将軍から庶民まで　飛田範夫
045 カメムシはなぜ群れる?　離合集散の生態学　藤崎憲治
046 異教徒ローマ人に語る聖書　創世記を読む　秦 剛平
047 古代朝鮮　墳墓にみる国家形成　吉井秀夫　[諸]13
048 王国の鉄路　タイ鉄道の歴史　柿崎一郎
049 世界単位論　高谷好一
050 書き替えられた聖書　新しいモーセ像を求めて　秦 剛平
051 オアシス農業起源論　古川久雄
052 イスラーム革命の精神　嶋本隆光
053 心理療法論　伊藤良子　[心]7
054 イスラーム　文明と国家の形成　小杉 泰　[諸]4
055 聖書と殺戮の歴史　ヨシュアと士師の時代　秦 剛平
056 大坂の庭園　太閤の城と町人文化　飛田範夫
057 歴史と事実　ポストモダンの歴史学批判をこえて　大戸千之
058 神の支配から王の支配へ　ダビデとソロモンの時代　秦 剛平
059 古代マヤ　石器の都市文明［増補版］　青山和夫　[諸]11
060 天然ゴムの歴史　ヘベア樹の世界一周オデッセイから「交通化社会」へ　こうじや信三
061 わかっているようでわからない数と図形と論理の話　西田吾郎
062 近代社会とは何か　ケンブリッジ学派とスコットランド啓蒙　田中秀夫
063 宇宙と素粒子のなりたち　糸山浩司・横山順一・川合 光・南部陽一郎
064 インダス文明の謎　古代文明神話を見直す　長田俊樹
065 南北分裂王国の誕生　イスラエルとユダ　秦 剛平
066 イスラームの神秘主義　ハーフェズの智慧　嶋本隆光
067 愛国とは何か　ヴェトナム戦争回顧録を読む　ヴォー・グエン・ザップ著・古川久雄訳・解題
068 景観の作法　殺風景の日本　布野修司
069 空白のユダヤ史　エルサレムの再建と民族の危機　秦 剛平
070 ヨーロッパ近代文明の曙　描かれたオランダ黄金世紀　樺山紘一　[諸]10
071 カナディアンロッキー　山岳生態学のすすめ　大園享司
072 マカベア戦記㊤　ユダヤの栄光と凋落　秦 剛平

073 異端思想の500年 グローバル思考への挑戦 大津真作
074 マカベア戦記㊦ ユダヤの栄光と凋落 秦 剛平
075 懐疑主義 松枝啓至
076 埋もれた都の防災学 都市と地盤災害の2000年 釜井俊孝
077 集成材〈木を超えた木〉開発の建築史 小松幸平
078 文化資本論入門 池上 惇
079 マングローブ林 変わりゆく海辺の森の生態系 小見山 章
080 京都の庭園 御所から町屋まで㊤ 飛田範夫
081 京都の庭園 御所から町屋まで㊦ 飛田範夫
082 世界単位 日本 列島の文明生態史 高谷好一
083 京都学派 酔故伝 櫻井正一郎
084 サルはなぜ山を下りる？ 野生動物との共生 室山泰之
085 生老死の進化 生物の「寿命」はなぜ生まれたか 高木由臣
086 ?👁! 哲学の話 朴 一功
087 今からはじめる哲学入門 戸田剛文
088 どんぐりの生物学 ブナ科植物の多様性と適応戦略 原 正利
089 何のための脳？ AI時代の行動選択と神経科学 平野丈夫